Love Yourself! Love Nature! Love the Planet!

일러두기

1 괄호 안에 본문 서체로 정리한 것은 저자 주이며, 고딕체로 처리한 것은 편집자 주입니다.
2 화장품업계에서 널리 통용되는 단어나 한글로 번역하기 어려운 일부 단어는 영어 발음 그대로 표기했습니다.

slow beauty, life changing vegan beauty

슬로뷰티,
삶을 바꾸는 비건화장

김희성 지음

목수책방
木水冊房

More Conscious,
More Intelligent,
More Natural and More Beautiful!

깨어 있고, 똑똑하며, 자연에 가깝게 살려고 노력하는,
그래서 더욱 아름다운, 의식 있는 소비자들을 위하여

내 인생의 아름다운 두 여성,
우리 엄마 경애씨와 동생 현조에게 이 책을 바칩니다.

차례

| | 8 | 글을 시작하며 |

1

'자연 미인'이 된다는 것

	24	당신은 화장을 왜 하는가?
		'아름다움'을 다시 생각한다
	31	당신은 지금 어떤 소비를 하고 있는가?
		똑똑하고 의식적이며 가치 있는 소비를 하는
		사람들의 화장, 슬로뷰티·비건화장
	39	왜 비건화장인가?
		비건이 힘들다면 피부 채식부터 시작하자
	44	피부, 우리는 제대로 알고 있을까?
		피부는 제2의 호흡기관
	52	나이드는 것을 두려워하는가?
		슬로에이징, 안티에이징 따위는 없다!
	59	드라마틱한 '비포 VS 애프터'를 기대하는가?
		나에게 꼭 필요한 화장품이란
	67	나는 '예쁜 쓰레기'를 얼마나 배출하고 있는가?
		이젠 화장품도 지구 환경을 생각해야 할 때

2

경이로운 식물과학, 식물 코스모스

	80	손수 화장품을 만드는 '랩걸'
	87	허브, 먹어서 좋은 건 피부에도 좋다!
	92	치유하는 향, 그 이상의 향을 찾아서
	99	심오한 '식물지능'의 세계
	108	음양오행의 조화를 말하는 한국 전통 비건화장
	115	매력적인 세계의 전통 비건화장

122	슬로뷰티, 나를 보살피는 일 셀프 케어·셀프 마사지
127	나의 아름다운 소우주, 몸
133	나와 자연이 하나되는 아름다운 명상 마인드 뷰티·브레인 뷰티
138	슬로뷰티를 위한 이너 뷰티, 채식 위주의 식생활
145	슬로뷰티를 위한 열 가지 셀프 케어

3
초록으로 물드는, 느리게 흘러가는 아름다운 나의 일상을 위하여

154	도심에서 시작하는 '식물 일상' 프로젝트 1 아침 의식
158	도심에서 시작하는 '식물 일상' 프로젝트 2 '집업실' 또는 홈스튜디오
164	도심에서 시작하는 '식물 일상' 프로젝트 3 서촌, 한옥, 그리고 골목
170	도심에서 시작하는 '식물 일상' 프로젝트 4 식물중독자를 위한 1인용 정원과 가드닝
176	도심에서 시작하는 '식물 일상' 프로젝트 5 내게 영감을 주는 식물중독자들

182	글을 마무리하며
190	부록1 슬로뷰티-비건화장을 위한 셀프 케어 레시피
203	참고문헌
209	부록2 초록이 가득한 나의 '집업실' - 비비엘하우스BBL House를 소개합니다

글을 시작하며

선생님   너는 커서 뭐가 되고 싶니?
존 레넌   저는 행복해지고 싶어요.
선생님   질문을 이해하지 못했구나.
존 레넌   아니요. 선생님이 인생을 이해하지 못하셨네요.

나는 나를 증명하기 위해 '무언가 되려고 하는' 인생을 더 이상 살지 않기로 했다. 그런 삶은 지난 수십 년간 충분히 시도했다. 나는 삶의 태도를 전면 수정했다. 나는 스스로 '행복하게' 살아야겠다고 마음먹었다. 더 늦기 전에 나에게 기회를 주어야 한다고 생각했다.

내 안의 나를 있는 그대로 자유롭게 표현하는 삶을 살고 싶다. 나는 그냥 '나'이고 싶다. 나는 그렇게 내 욕망을 따라 내 멋대로 살고 싶다.

내 소개를 하겠다. 이 책을 쓴 자가 누구인지 미리 좀 알면 책이 더 편히 읽히지 않을까 싶어서. "한 사람의 일생에는 백 가지 세계가 존재한다"는 말이 있다. 나는 다양한 직업인으로 살아왔다. 롤러코스터 인생이라고 표현한 이도 있었는데, 나는 '노마드nomad'의 삶이라고 말하고 싶다. 20대에는 미국 항공사, 30대에는 다국적기업인 석유회사와 반도체회사, 그리고 국제영화제, 40대에는 패션마케팅, 영화 제작, 문화재단, 문화기획·마케팅 일을 했다. 40대 중반부터 새로운 분야의 공부를 시작해 현재는 '슬로뷰티 화장품 메이커'이자 'BBLBotanic Beauty & Lifestyle, 보태닉 뷰티&라이프스타일 디자이너'다. BBL 디자이너는 내가 나에게 부여한 타이틀이다. 약 7년 전, 경이로운 식물의 세계에 깊게 매료되어 이 세계에 발을 들여놓은 후, 삶의 새로운 페이지가 펼쳐졌다. 공부를 다시 시작했고, 회사도 만들었으며, 식물과 어떻게 하면 공생할 수 있을지 고민하며 화장품과 생필품을 만들고 있다.

나에게 일어난 이런 변화는 아버지의 노년을 지켜보면서 진행되었다. 2015년 크리스마스 다음 날 아버지가 돌아가셨다. 아버지는 수년 전 뇌졸증으로 쓰러져 뇌수술을 받고 힘들게 깨어났지만, 이후 여러 후유증을 겪었고, 많은 종류의 약물치료로 연명하며 고된 노년을 보냈다. 겨울 새벽, 아버지는 병원 중환자실에서 가족들을 기다리지 못하고 인생의 긴 여정을 홀로 마쳤다. 수년간 투병하던 아버지가 죽음을 향해 나아가던 과정을 지켜보면서 나는 삶의 유한함과 죽음의 당연함을 깊이 인지했다. 그와 동시에 나에게는 삶과 관련된 여러 질문들이 시작되었고 그 질문들은 끝없이 나를 따라다니며 답을 찾아내라고 요구했다. 그건 마치 스핑크스가 오이디푸스에게 던진 질문 "아침에 네 발, 낮에 두 발, 저녁에는 세 발로 걸어가는 동물은 무엇인가?"을 떠올리게 했다. 답을 맞히지 못한 사람들은 스핑크스에게 잡아먹힌다는 그 신화 말이다. 나는 그 질문들에 사로잡혔다. 마치 스핑크스 같은 존재가 내게 질문을 던지고, 답을 말할 때까지 한 발자국도 나아갈 수 없도록 움켜잡고 있는 것 같았다.

그 질문들은 이러했다. '생로병사란 무엇인가?' 생로사가 아니다. 사고사나 자살이 아닌 이상 사람은 '병'을 거쳐야 하니까(이후 그렇지 않은 삶과 죽음도 가능할 수 있다는 것을 알게 되었다). '그리고 나는 어떻게 살고 죽어야 하는가?' 아버지와 대다수의 현대인들이 거쳐 가고 있는 여정과 방법을 따를 것인가? 즉, 월급을 받기 위해 다람쥐 쳇바퀴 도는 것 같은 삶 살기, 그렇게 살아가다가 나이들고 병들면 병원 치료를 받으면서 그에 따르는 약물 복용과 의료진들이 권하는 수술을 받아가며 철저히 수동적으로 남은 삶을 타인의 손에 맡기기, 그리고 죽음을 조금이라도 늦추기 위해 생명 연장을 위한 이런저런 치료를 받다가 어느 날 중환자실에서 죽기. 이런 질문들은 답을 할 가치가 있다고 생각했다. 삶이 멈추기 전까지 계속 따라다닐 질문이기 때문이다. 이 질문들의 답을 빨리 찾고 싶었으나 어떤 질문에도 답을 내기가 쉽지 않았다. 왜 아니겠는가? 오랜 조직생활에 길들여져 사용하던 뇌 영역을 사용하는 일 외에는 별다른 사유 없이 살아가고 있던 나에게 그 과제는 혹독하고 버거웠다.

나는 오랫동안 공황장애를 경험하고 있다. 20대 중반 첫 직장을 다니면서 시작되어 지금도 잊을 만하면 한 번씩 찾아온다. 그 장애가 시작된 때에는 그런 병명이 있는지도 몰랐고, 주변에 겪는 사람도 없어서 심신이 피곤하여 오는 신경쇠약 정도로 가볍게 취급했었다. 하지만 호흡 곤란이 오기도 해서 어떤 때는 이러다 숨을 못 쉬는 게 아닌가 싶을 때도 있었다. 하지만 가족에게 말하지 않았고 병원도 찾지 않았다. 혼자 이겨 내야 하는 '정신의 나약함'쯤으로 여겼다. 이 불편함을 큰 문제없이 받아들이게 된 것은 오래되지 않았다. 또한 그 당시의 나는 무료함을 최대의 적이라 여겼다. 집에 이틀 이상 혼자 있을 수 없어 끝없이 약속을 잡았고, 지쳐 쓰러져 자야 뭔가 알 수 없는 뿌듯함을 느낄 수 있었고, 남들에게 어떻게 평가 받고 있는지를 내가 추구하는 가치와 행복의 척도로 삼았다. 나는 쉼 없이 일하는, 나름 잘나가는 커리어우먼이었다. 나와 제대로 마주하는 일을 참으로 힘들어 하던 때였다. 내 안을 깊이 들여다 본 적이 없어 나를 모르는데 내가 원하는 삶이 무엇인지 대체 어떻게 알겠는가? 나는 지금 사는 게 너무 바쁜데, 도대체 이런 질문들은 어디서 왔는지 알 수가 없었다. 내게 아버지가 노년의 삶과 죽음을 적나라하게 보여 주며 당신의 마지막 가르침을 주었다는 생각을 한 것은 한참 지난 후였다.

그러던 어느 날 그 질문들의 해답을 찾을 단초를 찾았다. 심하게 지쳐 있던 7년 전 어느 날, 나는 문득 몇 년간 잘 다니고 있던 회사를 그만두었다. 대책도 없이 그만 둔 (사람들의 표현을 빌자면) '나이 많은' 나에게 가족을 포함해 주변의 많은 사람들이 걱정의 말을 던졌다. 나는 발리로 몇 권의 소설을 챙겨 여행을 떠났다. 나의 졸업 후 첫 직장은 미국 항공사다. 여행 자율화가 시작된 지 몇 해 지나지 않았던 1990년도 초반이다. 아시아 구간은 스튜어디스로, 미국 구간은 기내 통역으로 8년 정도 일을 했기 때문에 나는 20대에 세계 이곳저곳을 보고 경험할 수 있었다. 쉬는 날에도 세상을 더 보고 싶어 혼자 여기저기 떠돌았다. 그 직장을 그만 둔 이후에도 때가 되면 한국을 떠났고 돌아왔다. 여행은 내 삶의 패턴이 되어 있었다.

발리는 그 전에도 몇 번을 갔지만 그다지 감흥이 있던 곳은 아니었다. 별 기대 없이 도피하듯 갔던 그곳에서 인도양을 다시 맞닥뜨렸다. 마치 세상에 태어나서 처음 바다를 마주한 것 같았다. 그 바다는 나를 오랫동안 기다리고 있었던 듯 엄청난 크기의 '치유의 파도'로 나를 안아 주었다. 그때 왜 그 바다가 내게 그토록 와닿았을까. 매일 하루도 빠짐없이 해 질 녘이 되면 다섯 시부터 두 시간 정도 발리의 서쪽 해안가를, 바닷가를 따라 넓고 길게 펼쳐져 있는 모래사장을 맨발로 걸었다. 맨발로 느낀 모래는 마치 속살처럼 부드러웠고, 그 입자가 너무나 부드러워 바닷물이 빠진 모래사장 위에 하늘이 비쳤다. 몸을 감싸는 감미로운 바람, 육중한 파도소리, 하늘과 바다에 스며들듯이 밀려오는 찬란한 오렌지색 태양, 개와 늑대의 시간. 그보다 완벽한 시간이 있을까? 그리고 거기서 읽었던 나쓰메 소세키의 《우미인초》 중의 한 문장은 내 안에 강한 울림을 주었다.

"개미는 단것에 모이고 사람은 새로운 곳에 모인다. 문명인은 격렬한 생존 가운데서 무료함을 한탄한다. 서서 세 번의 식사를 하는 분주함을 견디고 길거리에서 의식을 잃고 쓰러지는 병을 걱정한다. 삶을 마음대로 맡기고 죽음을 마음대로 탐하는 것이 문명인이다. 문명인만큼 자신의 활동을 자랑하는 자도, 문명인만큼 자신의 침체에 괴로워하는 자도 없다. 문명은 사람의 신경을 면도칼로 깎고 사람의 정신을 나무공이로 둔하게 한다. 자극에 마비되고, 게다가 자극에 굶주리는 자는 빠짐없이 새로운 박람회에 모인다."

나는 자극에 중독된 문명인이었다. 다른 자극을 탐하고 또 탐하는 굶주린 문명인. 그것은 두려움으로부터 왔다. 그때까지 내 삶의 원동력은 두려움이었다. 사는 것도, 죽는 것도, 사랑하는 것마저도 두

렵고 불안했다. 그 수많은 두려움과 불안을 떨치기 위한 나의 노력이 살아가게 하는 힘이었다. 그런데 내 안에서 그 두려움과 불안의 힘을 삶의 동력으로 삼지 말자는 강한 목소리가 들리기 시작했다. 이제는 다른 원동력을 가동시키자고, 앞으로는 어떤 상황에도 아랑곳하지 않고 꿋꿋이 스스로 행복할 수 있는 방법을 찾자고 했다. 나는 내 안의 소리에 따르기로 결정했다.

모든 이치가 그렇듯이, 행복하게 살려면 먼저 행복이 무엇인지 알아야 한다. 행복의 정의는 각자 다르게 표현될 것이다. 어떻게 사는 것이 행복하게 사는 것인가? 나만의 개념이 없었다. 이러한 변화가 시작되면서 돌아보니 정말 어처구니없게도 아는 것이 없다는 사실을 깨닫게 되었다. 모든 관심이 세상으로만 향해 있는 삶을 살다 보니 일과 관련된 정보는 과잉인데, 그 외의 많은 영역에는 무지했다. 심지어 나 자신에 관해서는 아는 것이 별로 없었다.

먼저, 몸이다. 우리는 평생 함께하는 우리의 몸을 너무나 모른다. 살면서 알아야 하는 가장 기본적인 지식 중 하나임에도 불구하고 궁금해하지 않는다. 놀라운 몸의 메커니즘을 당연하게 여기고 산다. 그리고 틀에 박힌 삶을 살고, 늘 같은 길을 걷고, 같은 방향과 각도에서만 자신과 세상을 인지하다 보니 나 자신에 관해, 마음과 감정 같은 기본적이고 중요한 것들에 관해 무관심하고 무지하다. 삶이 뒤죽박죽인 채로 잠시의 쾌락에 순간순간 만족하며 적당히 살아가고 있다.

가치를 재정립하고 우선순위를 다시 정해야 한다고 생각했다. 정리가 필요했다. 참으로 오랜만에 궁금하고 알고 싶은 것들이 생긴 것이다. 궁금한 것이 생기면 그 원리가 무엇인지 알고 싶다. 우선 그것을 이해해야만 그 다음 진도가 나간다(그런 이유로 지금 내가 하고 있는 이 모든 것은 호기심과 흥미가 끊이지 않는 영역에 속한다). 일단 나는 시스템의 일원으로 사는 삶, 월급쟁이로 사는 삶을 중단하기로 결정했다. 조직의 목표나 상부의 명령에 따라 움직이는 삶을 접고 나를 위해 시간과 에너지를 쓰기로 한 것이다. 어찌 보면 남들에 비해 일찍 은퇴를 한 셈이다.

일단 그 동안 모아 둔 돈으로 생활하면서 궁금한 것들을 알아 가며 나만을 위한 시간을 갖기로 했다. 그 다음은 그 다음에 생각하기로 했다. 삶의 속도를 줄여 나갔다. 내 몸부터 알아야겠다는 생각에 인체생리학과 생명과학, 생물 공부를 시작했다. 공부를 하면서 입을 거쳐 몸으로 들어오는 음식의 중요성을 깨닫고 이후 음식과 영양, 채소, 슬로푸드와 자연주의 마크로비오틱 식생법, 자연요리법을 공부했다. 그러면서 식물의 놀라운 세계에 매료되어 에센셜오일정유精油 식물의 잎, 줄기, 열매, 꽃, 뿌리 따위에서 채취한 향기로운 휘발성의 기름을 사용하는 식물과학인 아로마테라피로 관심사가 이어졌다. 아로마테라피를 공부하면서 향과 후각에 흥미를 느꼈고, 자연스럽게 허브와 식물 공부도 하게 되었다. 하다 보니 농사가 궁금해져 텃밭을 시작했고, 땅과 자연농법을 배웠다. 아로마테라피와 함께 배웠던 아로마테라피 화장품 제조 원리를 바탕으로 화장품은 물론 비누·세제·치약 등 거의 모든 생필품을 만들어 쓰기 시작했다. 직접 재배한 채소·허브 등을 음식뿐만 아니라 화장품과 생필품의 재료로도 쓰게 되었다. 그렇게 만든 적은 분량의 화장품을 냉장고의 채소 칸에 넣어 보관하면서 음식을 먹듯이 신선한 화장품을 내 피부에 공급했고, 피부가 건강해지는 것을 느꼈다.

음식과 화장품이 크게 다르지 않았다. 그러다 보니 매일 피부 위에 공급하는 화장품을 다른 시선으로 바라보게 되었다. 그리고 식물에서 유래한 원료로만 만드는 자연화장품에 관심이 커져서 화장품 전반에 관해 더 심도 있게 공부하려고 대학원에 들어가 향장품학을 전공했고, 향장학 석사학위를 취득하면서 1회 맞춤형화장품조제관리사 국가자격증도 취득했다. 나의 생각과 삶의 여정이 오롯이 담긴 화장품을 만들고 싶어 회사도 만들었다.

언감생심 식물의 세계를 논할 수 있는 식물학자나 한의사가 아님에도 불구하고 이 책을 쓰게 된 이유는 우선 자연의 아름다움과 경이로운 식물과학에 말 그대로 완전히 사로잡혔기 때문이다. 그리고 식물 재료로만 화장품을 만드는 일의 즐거움을 알게 되었고, 이 과정에서 화장품이 음식과 크게 다르지 않다는 확신을 얻게 되었기 때문이다. 여러가지 공부를 하면서 지금까지 알던 '화장'의 개념을 새로 정립할 수 있었다. 이렇게 내가 발견한 단어가 바로 '슬로뷰티-비건화장'이다. 나는 이 책을 통해 자연이 일상으로 깊숙이 들어와 생활과 습관을 바꾸는 이야기를 사람들과 함께 나누고 싶다.

나는 녹색 환경을 좋아하고, 일상적으로도 그런 곳을 찾아서 오랜 시간을 보내지만 아직은 도시를 떠나서 살 계획은 없다. 여전히 도시를 좋아하기 때문이다. 그래서 이 책으로 도시의 삶에 자연을 결합하는 여러 대안, 즉 도시에 살지만 삶을 자연친화적 환경으로 만들고, 일상생활에서 쉽고 편안하게 자연을 접할 수 있는 여러 다양한 방법을 독자들에게 제안하고 싶다. 나는 지난 몇 년간 건강한 먹을거리를 위해 텃밭에서 채소를 길렀고, 산과 숲으로 수시로 들어갈 수 있도록 걸어서 5분 거리에 산이 있는 작은 한옥으로 삶의 터전을 옮겼으며, 현재는 그 한옥의 작은 앞마당과 옥상에 정원과 텃밭을 만들어 가꾸고 집안 곳곳에서도 여러 식물들을 키우면서 식물들과 함께 살고 있다. 나만의 방식으로 도심에서 살면서도 자연을 가까이 접할 수 있는 방법들을 시도하고 있다.

'슬로뷰티-비건화장'은 나처럼 도시를 떠나지 못하지만 자연을 더 가까이 접하며 살고 싶은 도시인들과 나누고 싶은 대화 주제다. 나는 식물을 가까이 해야만 건강하고 행복하게 살 수 있다고 믿는다. 그래서 사람들과 '보태닉botanic한 행복'에 관해 이야기하고 싶다. 많은 시간을 자연과 접하면서 알게 된 사실이 있다. 식물과 함께라면 항상 평온함과 평화로움이 찾아온다는 것이다. 이 사실은 다양한 과학적 연구로도 입증되었다. 영국의 한 연구 결과는 하루 단 5분이라도 식물이 있는 녹색 공간에 있으면 행복감을 더 느끼게 되고 자존감이 높아진다고 지적하고 있으며, 뇌파를 이용한 한 연구는 자연의 풍경을 볼 때 몸과 마음이 편안해지고 의식 집중 상태인 알파$_a$파가 높게 측정된다고 말한다. 자연과 관련한 영상이나 사진을 보는 것만으로도 긍정적 정서와 관련된 뇌 영역에서 활성화가 일어난다는 연구 결과도 있다. 유아기에 자연과 상호작용하는 일은 이후의 사고에 큰 영향을 준다는 연구들도 있다.

그렇다면 왜 자연만이 그러한 평온함과 평화를 느끼게 하는 것일까? 그것은 우리 인간이 대자연mother nature의 일부이기 때문이다. 우리는 어머니 자연의 품 안에서만 가장 인간다울 수 있다. 수억 년의 진화 과정을 거치고 고도의 도시 문명과 과학기술의 진보를 경험하면서도 인류는 자연을 벗어나지 못했고, 여전히 우리 몸의 구조는 자연 속에서 살아야 하는 존재라는 것을 말하고 있다. 우리의 DNA는 늘 자연을 그리워하고 있다. 그런 자연스러운 삶을 살지 못하다 보니 인류는 '자연결핍증'을 겪게 되고, 마음은 무엇으로도 채워지지 않는 갈증으로 목말라하며 만족 없이 살아간다. 그래서 마음과 유기적으로 연결되어 있는 몸도 건강하지 못해 온갖 질병에 걸리게 된 것이다. 심지어 가공할 만한 바이러스도 창궐하게 되었다. 하지만 다행히 해결 방법은 있으며, 그 방법은 아주 단순하다. 자연을 자주 만나면 된다. 특히 도시의 생활양식에 오랜 시간 익숙해진 사람들은 일상에서 자연과 식물을 접할 수 있는 다양한 방법들을 끊임없이 찾아야만 한다. 우리나라의 경우는 전체 인구의 90퍼센트 정도가 도시에 거주하고 있다. 녹색건강! 그것만이 살길이다.

슬로뷰티-비건화장을 주제로 한 이 책은 크게 다섯 개의 소주제로 구성되어 있다. 1장에서는 아름다움과 화장을 어떻게 다시 정의할 것인지, 그리고 이런 일들이 우리가 살아가는 지구 환경과 어떤 관련이 있는지를 살펴본다. 2장에서는 내가 매료되었던 경이로운 식물과학과 식물 코스모스에 관련된 이야기를 풀어놓을 것이다. 3장은 슬로뷰티를 위한 셀프 케어와 셀프 힐링 방법을 이야기한다. 4장은 느리고 생태적인 삶을 위해 내가 시도했고, 지금도 시도하고 있는 내 삶 속 실험에 관해 썼다. 그리고 마지막에는 슬로뷰티-비건화장을 스스로 일상 속에서 실천할 수 있도록 간단한 비건화장법을 소개하는 레시피를 소개하고자 한다.

책을 쓰며 책을 읽는 사람들이 어떻게 하면 우리가 익히 알고 있는 '화장'이 아닌 대안적인 라이프스타일이라 할 수 있는 '비건화장'의 세계로 들어가게 할 수 있을까 고민했다. 무엇보다 우리 모두의 집인 하나밖에 없는 이 아름다운 지구가 현재 당면하고 있는 심각한 환경문제와 기후위기 앞에서 지구인이라면 갖추어야 할 기본 태도가 무엇인지도 '화장'을 재정의하면서 함께 생각해 보고 싶었다. 대량생산·대량소비, 그리고 답이 보이지 않는 대량폐기의 악순환 속에서 살고 있는 인간은 이 지구의 주인도 지배자도 아니다. 그저 동물 종의 하나다. 독자들이 우리가 매일 하고 있는 화장과 화장품 소비를 다시 돌아보면서 지구와 자연을 위해, 함께 살아가는 다른 종들을 위해, 다음 세대를 위해 더 늦기 전에 할 수 있는 일을 고민하고 실천할 수 있도록 이 책이 조금이나마 도움이 되었으면 좋겠다.

스스로에게 던진 질문에 관한 나만의 답을 찾는 과정은 여전히 현재 진행형이다. 사람들은 현재를 인더스트리 4.0 Industry 4.0 독일 정부가 제시한 정책의 하나로, 사물인터넷IoT으로 생산기기와 생산품 간 상호 소통체계를 구축하고 전체 생산 과정을 최적화하는 '4차 산업혁명'을 뜻한다 시기로 규정하며 인류를 호모헌드레드Homo hundred 인간 평균수명 100세 시대를 의미하는 말, 호모포노사피엔스Homo phono sapiens 휴대폰을 뜻하는 phono와 생각·지성을 뜻하는 sapiens의 합성어라 부르기 시작했다. 게다가 2020년 급작스럽게 찾아 온 고통스러운 이 바이러스의 시대가 만들어 낸 이름인 코로나사피엔스라는 말도 널리 사용된다. 이 모든 새로운 시대와 인류가 만들어 내고 있는 문제들을 어떻게 해결할 것인가. 내가 찾은 분명한 해답이 하나 있다. 그것은 자연自然이다. 자연은 개념槪念이 없다. 그래서 우리는 더욱 자연으로 향할 수밖에 없고, 그렇게 내 멋대로 자연스럽게 살아야 한다. 그렇게 자연과 인간은 여如하다.

《헬렌 니어링의 소박한 밥상》에서 언급되었던 R.브래들리R.Bradley의 《시골 가정 주부The Country Housewife》(1732)의 문장을 조금 변형해 옮기자면, 이 책의 목적은 더 나은 삶을 살기 위해 나처럼 시간을 가지고 관찰하거나 정보를 수집할 기회가 없었던 사람들과 내가 알게 된 것과 생각을 나누기 위해서다. 이미 많은 것을 알고 있는 이들에게 또 다른 정보를 주는 '척'하기 위한 책이 아니라는 사실을 분명히 해 둔다.

코로나시대를 보내고 있는
2021년 봄
햇빛 찬란한 어느 오후
서울 서촌의 비비엘하우스에서

"민트와 민트잎으로 님으로 유칼립투스로

자신을 치유하세요.

라벤더로 로즈메리로 캐모마일로

자신을 달콤하게 하세요.

코코아빈과 계피의 손길로 자신을 안아 주세요.

설탕 대신 사랑을 담은 차를 마시며 별을 바라보세요.

바람이 주는 입맞춤으로 그리고 비의 포옹으로

자신을 치유하세요.

맨발로 땅을 밟고 그리고

땅에서 태어난 모든 것으로

강해지세요."

멕시코의 힐러 healer이자 시인인 마리아 사비나의 시
'You Are The Medicine' 중에서

1

'자연 미인'이 된다는 것

당신은 화장을 왜 하는가?

'아름다움'을 다시 생각한다

우연한 기회에 미국 브루클린에서 활동하는 브루스 가니에Bruce Gagnier의 조각 작품 두 점을 보게 되었다. 인체를 형상화하는 작업을 주로 하는 그의 작품 중 'Pauline'이라는 제목의 조각상에 한참 눈이 머물렀다. 성적 욕망의 대상이 아닌 육신의 현실이 적나라하게 담겨 있는 여체였다. 처진 젖가슴, 뒤룩뒤룩 덕지덕지 붙은 살들, 지치고 늙은 얼굴. 나이든 여인의 무너져 가는 몸은 조금도 예쁘지 않았지만 나는 아름답다고 생각했다. 왜 아름답다고 생각했을까? 미美란 보는 이의 마음에 있는 것이기 때문이다.

아름다움은 '알다知'라는 동사가 어원이라는 가설이 있다. '아는知 것'이 '아름다움'이고 '알지 못하는 것'은 '아름다움이 아니다', 또는 '아름다움을 모른다'라고도 해석할 수 있을 것이다. 아름다움의 사전적 의미는 "마음을 끌어당기는 조화調和, harmony의 상태"다. 영어의 어원을 보면 beauty는 '똑바르다', '선하다'라는 의미의 라틴어 'bene'에서 나온 단어다. 구조론적으로 살펴보면 '무언가를 받는다'라는 뜻으로, 한자 '복福'과 연결시키기도 한다. 영국의 예술역사가인 허버트 리드는 "아름다움美이란 감각지각에서 맺어지는 형식 관계의 통일과 조화"라고도 했다.

화장은 이 아름다움과 직결된다. 아름다워지기 위한 수단으로 사용되는 화장은 이제 우리가 가늠할 수 있는 수준을 훌쩍 뛰어넘어 개인, 사회, 문화, 경제에 엄청난 영향력을 미치며 확고한 위치를 차지하고 있다. 화장품은 시대의 변천에 따라 단순한 피부 보호와 건강 유지, 아름다운 용모를 가꾸기 위한 수단을 넘어 다양한 역할을 부여받고 있으며, 화장 행위는 타인에게 나를 보여 주고자 하는 욕구를 표현하는 일종의 의식이 되었다. 사람들은 아름다워지기 위해 유행하는 화장을 따라 하며 부단한 노력을 기울이지만 결코 만족하지 못한다. 여기에 문제가 있다.

화장 또한 패션과 더불어 사회문화적 산물이기 때문에 매스미디어에 나타나는 '아름다움'은 계속 바뀔 수밖에 없고, 그에 맞추어 온갖 종류의 화장품이 쏟아지기 마련이다. 사람들은 사들이고 또 사들인다. 소비는 계속되나 만족이 없다. 아름다움은 곧 젊음이라는 생각이 만연해 누구나 동안童顔을 갖고 싶어 한다. 여기에 정작 있어야 할 '나'는 없다. 나의 개성과 나다움은 초라해진다. '나'는 그 사회와 문화가 원하는 이미지처럼 되고자 하는 욕망이 사용하는 도구가 되었다. '나'는 이제 남들의 평가를 기다리는 상품이다. 주객이 전도되었다.

화장을 왜 하는가? 혹시 당신의 화장은 타인에게 잘 보이기 위한 의식, 그래서 그 의식의 결과가 타인들의 관심과 부러움을 사고, 마침내 타인으로부터 '아름답다'는 동의를 얻어 내 자신감을 찾아가는 일련의 과정에 지나지 않는가? 그래서 결국 나의 아름다움과 자존감을, 더 나아가 나의 행복을 타인의 손에 올려놓고 의존하는 형국은 아닌가? 이런 나약하고 소극적인 태도로 화장을 한다면 무언가 문제가 있는 것이 아닐까? 도대체 당신은 화장을 왜 하는가?

이탈리아 감독인 파올로 소렌티노의 영화 〈그레이트 뷰티〉에서는 도시 자체가 예술작품인 로마의 오래된 거리들과 로마 어디서나 흔하게 볼 수 있는 수천 년 된 건축물들, 그리고 아름다운 조각상들이 나온다. 그런데 뜻밖에도 영화를 보다가 그 아름다움에서 예상치 못한 불편함이 느껴졌다. 특히 콜로세움이 나오는 장면을 보았을 때는 가슴이 답답하기까지 했다. 그 과거의 잔재들이 진정한 로마의 주인이고 그 도시에서 살고 있는 인간은 들러리 같아 보였기 때문이다. 마치 그 도시가 자신의 아름다움을 찬양하고 자신이 손상되지 않도록 돌보아 줄 인간들이 필요해서 옆에 두고 있는 듯한 느낌을 받았다. '세계의 머리'라는 별명을 가진 로마, 도시 자체가 하나의 거대한 박물관인 이 도시도 화장이 필요한 것인가?

본론인 얼굴 화장으로 돌아가서 화장을 현대적인 시각으로 바라보는 몇 가지 관점을 먼저 간단히 살펴보자. 화장을 뇌과학적으로 고찰한 모기 겐이치로와 온조 아야코가 쓴 《화장하는 뇌》에서는 여성의 화장은 행동을 바꾸고 의식을 바꾼다고 했다. 화장하는 동안 뇌 속에서 1000억 개나 되는 신경세포가 시냅스를 다시 연결해 새로운 결합을 만들어 간다고 한다. 저자는 화장이란 신경세포의 결합 부위를 변화시키는 '학습'이고 얼굴 화장은 뇌를 화장하는 것이라고 표현했다. 화장은 '뇌 화장'이라는 것이다.

화장은 현대에도 여전히 종교와 접목되곤 한다. 할랄이 그 대표적인 예다. 할랄은 이슬람의 종교 율법인 샤리아법이 정한 다섯 가지의 율법 중 하나로 '허용된 것'이라는 의미다. 이슬람 율법에 따라 허용된 것만 먹고 입고 쓴다는 의미로, 여기에는 화장품도 포함된다. 전 세계적으로 약 200여 개의 할랄 인증 시스템이 있다. 이 인증 시스템은 사용 원료, 포장 재질, 제품 제조 공정과 절차는 물론 유통까지 철저히 점검한다. 종교가 화장을 컨트롤하는 셈이다.

심리학적 접근에서는 '사회화된 몸socialized body'이라는 표현(Thomson, C. J., & Hirschman, E. C. (1995))도 사용한다. 같은 맥락에서 자신을 어떻게 인식하는가를 나타내는 개념인 '자기의식'을 화장과 연결해 사회적 가치와 기대에 따르는 화장으로 사회화된 자기 개념을 보여 준다는 '화장의 사회화'도 있다. 또한 화장을 건강관리에 적용하는 사례들도 있다. 일본 화장품 회사인 시세이도는 2012년 일본 전국 400여 곳의 케어센터에서 고령자들을 대상으로 '화장요법 프로그램'이라는 메이크업 레슨을 실시해 화장이 고령자들의 뇌 활동 유지에 도움이 된다는 조사 결과도 내놓았다. 화장요법은 스트레스 완화에도 도움이 된다고 보아 일본의 일부 정신과 클리닉에서는 환자들에게 이 요법을 시행하기도 한다. 화장의 개념을 테라피therapy로 확대해 외모만이 아닌 내면을 치유하고 변화시킬 수 있다고 보는 것이다.

화장이 할 수 있는 이런 여러 역할 중 나는 치유 효과가 있는 화장의 개념에 '자연'을 더해 '보태닉 뷰티 레머디Botanic Beauty Remedy, 식물화장요법'라는 개념을 이야기하고 싶다. 이 개념은 자연에서 온 식물 원료와 식물에서 추출한 유효성분들을 처방해 만든 화장품으로 얼굴과 몸 그리고 마음도 돌보는 일을 의미한다. 불필요한 합성 성분들을 배제하고 오직 식물이 가지고 있는 치유력을 화장품에 담아 피부에 전달해 피부 본연의 회복력을 돕는 일이다. 자연의 향은 대뇌변연계를 자극해 긍정적인 감정으로 전환시켜 기분을 좋게 해 주며 자기 치유를 돕는다.

또한 이 개념은 사용 후의 상황까지도 고려한다. 생분해되거나 환경에 최소한의 영향만 미치는 재료들을 사용하며, 용기는 재사용하고 불필요한 포장을 하지 않는다. '식물화장요법'은 책임의식을 가지고 지구 환경 보존을 위한 관심과 행동을 일상에서 매일 나타내고 실천하는 과정까지도 포함한다. 내 멋대로 '비건'의 한자를 생각해 보았다. 향기로울 비菲, 건강할 건健. 비건菲健화장은 '향기롭고 건강한 피부 채식 화장'이다. 이것이 곧 내가 이야기 하고 싶은 '슬로뷰티-비건화장', 자연이 일상으로 들어와 생활화된 모습이다.

나에게 아름다움이란 자연의 일부가 되는 것, 자연에 더욱 가까이 다가가려는 것을 의미한다. 말 그대로 '자연 미인'이 되는 것이다. 바쁘게 살아가는 와중에서도 내가 할 수 있는 노력을 기울여, 그저 자연을 구경하는 관람객이 되는 것이 아니라 우리 자신이 자연의 한 부분이 되는 것이다. 우리 모두는 벌써 완전체이고 우리 각자는 아름다움 그 자체다. 각자가 하나의 아름다운 우주다. 자신만의 고유함을 깨닫고 그 아름다움을 자연스럽게 가꾸는 것이 중요하다. 그렇게 되면 남을 모방하고 끊임없이 변하는 간사한 유행을 쫓지 않게 된다. 나의 나다움이 사랑스러워진다.

그러나 많은 사람들의 관심은 외부로 향해 있고, 모두 타인의 얼굴만 본다. SNS와 매체의 광고에 지속적으로 노출되고, 비교하고 비교당하는 현대인의 삶 속에서 자신의 아름다움을 인지하기란 쉽지 않을 것이다. 매일 하루도 쉬지 않고 거울을 들여다보지만 정작 '나'를 보지 않는다. 본질은 표상 너머에 있다. 나의 피부 너머에 있는 심장·뇌·폐·위·장 등 신체 기관들의 운동, 혈액의 쉼 없는 흐름과 신진대사 과정, 내 몸에서 벌어지고 있는 그 기적을 인지할 수 있다면 그 너머의 진짜 나를 만날 수 있다. 더 이상 꼭두각시로 살지 않을 수 있다. 영화 〈그레이트 뷰티〉에서 주인공은 작가다. 그는 더 이상 책을 쓰지 않는 이유를 '그레이트 뷰티'를 아직 찾지 못했기 때문이라고 말한다. 나는 나의 '그레이트 뷰티'를 찾는 과정에서 이 책을 쓰게 되었다. 나의 '그레이트 뷰티'는 '자연'이다.

당신은 지금 어떤 소비를 하고 있는가?

똑똑하고 의식적이며
가치 있는 소비를 하는 사람들의 화장,
슬로뷰티-비건화장

다도茶道는 차를 달이거나 마실 때의 방식이나 예의범절을 의미한다. 아티스트인 지인은 자신의 SNS에서 그림이란 '일상이 손끝에서 절로 맺혀 되는 것'이라며, 삶이 예술이 되는 것을 화도畵道라고 표현한 적이 있다. 나는 삶의 태도로서 소비되고 표현되는 행위인 '화장도化粧道'를 이야기하고 싶다. 바로 '슬로뷰티-비건화장'이다.

먼저 화장의 어원을 살펴보자. 화장품의 영어 표현인 'cosmetics'의 어원은 고대 그리스어인 코스메티코스cosmeticos에서 유래했다. 코스메티코스는 '잘 정리한다', '잘 감싼다'라는 의미를 지니고 있고, 카오스chaos의 반대 개념인 '조화'를 뜻하는 코스모스cosmos에서 왔다. 코스모스는 우주universe를 뜻한다. 결국 화장은 조화를 위해 필요한 것 또는 더 나아가 우주와 조화를 이루기 위한 행위로도 볼 수 있다. '도道'란 원래는 '길게 통하는 길'이라는 뜻으로, 우주만물 혹은 인류의 근본 원리를 의미한다. 그러니 '화장도'는 우주와 조화를 이루기 위한 행위의 원리라고 거창하게 정의해 보고 싶다.

채식주의자가 아니어도 최근 여러 대중매체에서 비건, 비건푸드, 비건식당, 비건패션 같은 단어를 들어본 적이 있을 것이다. 하지만 비건화장은 생소하다는 사람들이 아직 많다. 본격적으로 비건화장 이야기를 하기 전에 비거니즘veganism, 채식주의을 잠깐 살펴보자. 비거니즘은 먹는 음식의 종류에 따라 다양하게 나누어지는데, 일반적으로 세미 채식주의, 일반적 채식주의, 적극적인 완전 채식주의인 비건vegan 그리고 과식주의fruitarianism가 있다. 채식주의는 식단과 생활에서 동물성 제품을 없애고 동물권을 주장하는 운동에서 시작되어 공리주의적인 접근과 도덕적 접근의 철학으로 발전해 지금도 다양한 관점과 의견들이 나오고 있다.

영국의 시사 주간지 〈이코노미스트〉는 '2019 세계 경제 대전망The World in 2019'에서 2019년을 '비건의 해'로 지정한 바 있고, 현재 전 세계 시장에는 다양한 비건제품들이 출시되며 산업적으로도 급성장세에 있다. 제품군은 기존의 식품을 넘어 패션·화장품 등 다양한 영역으로 확대되고 있다. '친환경'을 넘어선 '필환경'과 '지속가능성' 등의 개념들이 전 세계적으로 주목받으면서 친환경 운동에 속하는 비거니즘이 라이프스타일의 새로운 트렌드로 급부상한 것이다. 환경파괴와 지구온난화가 갈수록 심각해지면서 유해환경과 미세먼지의 심각성 역시 높아지고 있다. '케미포비아화학물질 공포증', 동물실험 반대, 지속가능한 환경 같은 단어들이 더 이상 낯설지 않다. 어쩌면 이런 분위기 속에서 비거니즘이 우리 라이프스타일의 한 축으로 자리 잡고 있는 것은 당연한 결과다.

화장품도 예외는 아니다. 우리나라도 1990년대부터 '웰빙 라이프'와 자연에 관심을 갖는 사람들이 많아지면서 '녹색소비자green-consumer'가 등장하기 시작했다. 환경오염과 지구 환경 악화가 만드는 두려움은 이전과는 '다른' 화장품을 기대하게 만들었으며, 이에 따라 화장품 업계도 변화에 발맞추어 제품들을 출시하고 있다. 소비자들도 화장품 성분에 관심을 갖기 시작했고, 이에 관한 인식도 높아졌다. 그래서 합성화학첨가물 사용이 최소화되고 다양한 천연원료로 피부에 좋은 영양성분을 만든 화장품에 높은 관심을 보이고 있고 수요도 늘고 있다.

비건화장품에 관한 정의는 나라마다 조금씩 다르고 범국가적으로 하나의 통일된 규정은 없다. 우리나라의 경우 법적으로 특별 승인을 받아야 하는 몇 가지 상황을 제외하고 화장품 동물실험이 금지되어 있고, 동물실험을 해서 만들어진 수입 화장품의 유통과 판매를 금지하고 있다. 영국 잡지 〈글래머Glamour〉는 "동물에서 유래한 글리세린·콜라겐·젤라틴·레티놀이 들어 있지 않고, 영국의 인증기관인 '비건소사이어티Vegan Society'의 기준에 따른 진주·실크·달팽

이젤·우유 단백질·라놀린정제 양털에서 채취하는 왁스·동물 기름·코치닐 중남미 사막의 선인장에 기생하는 곤충인 깍지벌레의 암컷에서 뽑아 정제한 붉은 색소이 사용되지 않은 화장품"을 비건화장품으로 정의했다. 비건화장품의 인증 기준 또한 국가마다 차이가 있다. '비건소사이어티'의 기준에 따르면 비건화장품은 제품의 제조와 생산에 쓰이는 모든 원료에 동물성 원료, 생산품, 부산품, 부산물, 파생물이 포함·관여되면 안 되고, 일체의 동물실험을 하지 않아야 하며, 동물 유전자 또는 유래 GMO가 포함되어 있지 않아야 하고, 넌비건non-vegan과 교차오염이 되면 안 된다.

미국의 인증기관인 '비건액션Vegan Action'의 경우 "육류·생선·가금류·동물 부산물·달걀과 달걀 제품·우유와 우유 제품·꿀과 꿀벌 제품이 들어 있지 않아야 하며, 동물 실험을 하지 않아야 하며, 동물 유래 GMO가 포함되어 있지 않아야 한다"고 비건화장품의 기준을 정하고 있다. 한국비건인증원vegan-korea.com의 경우 "동물 유래 원재료가 들어 있지 않고, 동물실험을 하지 않아야 하며, 제품 생산 공정 전 과정에서 동물 유래 성분과 교차오염이 없어야 한다"고 규정한다. 비건화장품은 유럽과 미국 등지에서도 크루얼티 프리cruelty-free 화장품, 베지테리언vegetarian 화장품 등으로 소비자들에게 인식되고 있다. 크루얼티 프리 화장품은 동물 실험을 하지 않은 화장품만 의미한다. 베지테리언이라고 표기되어 있는 화장품은 밀랍이나 꿀 같은 자연적인 동물 부산물이나 파생물이 들어 있는 화장품을 지칭하며, 어떠한 동물 성분도 포함되지 않은 비건화장품과 구별해 사용한다.

나는 밤balm을 만들 때 비즈왁스를 사용하기도 하는데, 이 정의에 따르면 베지테리언 화장품일 것이다. 개인적으로는 비건화장품에 관한 정의 중 2013년 〈과학 논집〉에 소개된 '브랜드 전략 개발을 위한 비건vegan 패션·뷰티 상품 분석'에 언급된 비건화장품이 내가 생각하는 이상적인 개념에 더 가깝다. 이 논문에서는 "동물실험을 하지 않고, 동물성 화장품 성분을 사용하지 않으며, 안전한 식물성 천연재료를 사용하고, 합성방부제·인공향료·인공색소·합성계면활성제·미네랄오일·GMO·실리콘·알코올 등 인체에 해를 끼칠 수 있는 합성성분을 사용하지 않는 제품"이라고 했다. 정확히 내가 원하는 비건화장품의 정의다. 이 개념에서는 합성화학성분까지도 고려하고 있기 때문이다.

슬로뷰티-비건화장은 단순한 '비건화장품' 그 이상의 의미가 있다. 그래서 슬로뷰티의 '슬로slow'를 내 나름의 방식으로 다시 정의해 보았다.

S : Small, Smart & Conscious Consumption
꼭 필요한 물건만! 똑똑하고 의식 있는 소비!

소비를 부추기는 사회에서 똑똑하고 의식 있는 태도로 미니멀리즘을 추구하는 윤리적 소비를 의미한다. 스트롱(Strong, 1996)은 친환경적 소비, 녹색소비, 공정무역제품 소비, 상품의 제조·사용·사용 후 처리까지 고려하는 소비를 윤리적 소비라고 정의했다. 소비자의 권리를 누리되 동시에 책임도 생각하는 소비를 말한다.

L : Less is More, More with Less
적을수록 더 좋다!

현대 건축의 거장인 미스 반 데어 로에가 자주 사용한 슬로건 "Less is More"는 로버트 브라우닝의 시 'Andrea del Sarto'의 한 구절로 "간결한 것(단순한 것)이 더 아름답다"는 의미다. 이 슬로건은 20세기의 레오나르도 다빈치라고 불리는 R. 벅민스터 풀러의 철학인 지구 자원의 순환과 절약을 표현하는 'doing more with less'에서 차용한 것이다. 최소한의 자원을 이용해 최대한 활용하자는 의미이며, 적은 자원으로 여러 가지 효과를 거두어 보자는 의도가 담겨 있다. 이는 한정된 자원을 아끼고 불필요한 장식을 없애 버려 단순함을 추구하는 것이며, 몇 가지 소재만으로 충분히 목적을 달성하는 것을 의미한다. 피부가 먹는 음식인 화장품의 재료도 마찬가지다. 식물 소재 한 가지에도 피부에 좋은 영양성분이 다양하게 들어 있다. 과식하면 몸에 좋지 않듯이 피부에 바르는 화장품도 과해서 득이 될 게 없다. 과유불급이다. 당연히 합성화학첨가물도 최소화해야 한다.

O : Only One Earth
오직 하나뿐인 지구를 위한 소비!
친환경 소재와 포장을 사용한 환경친화적인 제품 사용!

우리는 현재 우리가 소비하는 물건들이 지구 환경과 생태계에 얼마나 영향을 미치는지 알아보고 해를 덜 미칠 수 있는 방법을 찾아야 하는 시대에 살고 있다. 다음 세대와 지구의 모든 생명들을 위해 지구 환경과 생태계에 최소한의 영향을 미칠 재료와 소재, 제작 공정, 용기와 포장, 사후 처리까지, 제품이 만들어지는 시점부터 사용 후 배출과 처리에 이르는 전 과정이 환경친화적이어야 한다. 피할 수 있는 문제도 아니고 선택 사항도 아니다. 화장품도 여기서 결코 자유로울 수 없다.

W : Well-being
몸과 마음의 건강과 행복을 위한 소비!

웰빙의 순우리말 표현은 '참살이'다. 사전적 의미는 "자본주의의 극대화로 말미암은 현대 산업사회의 병폐를 인식하고, 육체적·정신적 건강의 조화를 추구해 행복하고 아름다운 삶을 영위하려는 삶의 문화"다. 우리가 추구해야 하는 삶이다. 이 전인적인 관점 holistic(육체, 정신, 마음을 서로 연결되어 있는 통합체로 보는 관점)의 건강한 삶을 찾는데 화장품이 일조할 수 있다. 미국의 마켓 리서치 기관인 민텔Mintel이 2018년 8월에 보고한 자료에 따르면 비건제품 산업의 성장 뒤에는 1995년부터 2012년 까지 출생한 Z세대와 1977년부터 1994년까지 출생한 밀레니얼세대의 라이프스타일이 있다고 했다(밀레니얼세대와 Z세대를 통칭해 MZ세대라고 한다). 이 보고서에 의하면 비건제품의 소비를 주도하는 이들은 채식 식단과 함께 천연재료와 윤리적 소비를 중요하게 생각한다. 고무적이다. 특히 젊은 세대가 윤리적 소비를 고민한다는 부분이 그렇다. 북미와 유럽을 대상으로 한 이 조사가 아직도 지독한 경쟁구조 속에서 물질만능의 목표지향적인 삶을 강요당하는 한국, 일본, 중국 등 아시아 국가들의 젊은 세대에게도 적용되는지는 잘 모르겠다. 하지만 나는 똑똑하고 의식 있는 젊은 소비자들이 우리나라에도 나타나고 있다고 믿으며, 더 많이 나타나기를 간절히 소망한다.

왜 비건화장인가?

비건이 힘들다면 피부 채식부터 시작하자

화장품을 체계적으로 공부하고 싶어 대학원에서 향장품학을 공부했고, 비건화장품을 주제로 석사 논문을 썼다. '비건'이라는 타이틀이 달린 화장품을 구입하는 소비자들은 단순한 '피부 관리' 그 이상의 것을 원하기 때문이라고 생각했고, 그 요인이 무엇인지 알고 싶었기 때문이다. 그래서 소비자들의 '비건화장품' 인식과 소비 실태에 관한 설문조사를 진행했다.*

천연화장품, 유기농화장품, 한방화장품, 발효화장품, 코슈메슈티컬 화장품에 의약 성분을 더한 기능성 화장품, 메디칼스킨케어화장품, 기능성화장품, 작년부터 한국에서 법제화된 맞춤형화장품, 최첨단 테크놀로지가 결합된 화장품 그리고 비건화장품까지. 이제 화장품은 소비자들의 인식 변화와 까다로운 요구에 발맞추어 더욱 세분화되고 있고, 화장품을 향한 소비자들의 기대도 높아지고 있다.

비건화장품을 주제로 석사논문을 쓰면서 비건화장품이 필요하고, 비건화장품을 쓰고 싶다고 생각하는 사람일수록 비건화장품 만족도가 높다는 사실을 발견했다. 사람들은 보통 비건화장품을 식물에서 유래한 성분이 들어간 화장품으로 인식하고 있었고(43퍼센트), 천연성분을 사용했다는 점을 가장 큰 장점으로 꼽았다. 전반적으로 비건화장품을 쓰는 사람들은 식물에서 유래한 성분을 선호하고 있다는 사실이 드러났다(95퍼센트).

또 사람들은 비건화장품을 사는 행위를 친환경적인 소비로 인식하고 있었으며(47퍼센트), 주로 기초 스킨케어 제품을 비건화장품으로 많이 사용하고 있었다(61퍼센트). 화장품의 성분과 사용했을 때 피부가 매끄러워지는 효과를 보았기 때문이라고 답한 사람들이 가장 많았다(69퍼센트). 동물과 환경을 보호하기 위해서도 비건화장품이 필요하다고 생각하는 소비자도 많았다. 비건화장품을 쓰는 많은 이들이 플라스틱 소재 화장품 용기 사용을 줄여야 한다'고 생각하고 있다는 점도 주목할 만했다. 화장품 빈 용기 처리는 최근 한층 더 심각해진 플라스틱 쓰레기 문제와 깊은 연관이 있기 때문이다. 비건화장품 소비자들이 '환경'에 지대한 관심이 있음을 보여 주는 대목이다.

논문의 설문조사 결과는 비건화장품을 구매하는 이들이 지구 환경과 동물 복지를 걱정하는 도덕적인 인식에서 출발한 윤리적 소비, 가치지향적인 소비를 하고 있다는 사실을 보여 준다. 물론 논문을 쓴 2019년 초에는 한국에서 비건화장품 인지도가 높지 않았기 때문에 설문조사의 대상이 폭넓게 선정되지 못했다는 조사의 한계가 있기는 하다. 그러나 사회문제를 향한 소비자의 관심, 특히 생태계의 지속가능성을 염두에 둔 윤리적 소비에 관한 소비자들의 가치관을 반영하는 결과임에는 분명하다. 이 논문을 쓰면서 나는 소비자의 라이프스타일과 철학을 담아 낼 수 있는 확장된 개념의 화장품 형태가 가능하며, 화장품 개념의 또 다른 변화 가능성을 생각해 볼 수 있었다.

작가는 글로, 음악가는 음악으로, 예술가는 작품으로 자신의 세계를 표현하고 세상과 소통한다. 패션과 화장은 전업 작가들이 아닌 일반인이 내 안의 예술성과 창조성을 일상 속에서 쉽게 드러낼 수 있는 영역 중에 하나다. 그리고 거기에는 단순한 '자기표현' 이상의 의미가 있다. 관심의 모티브와 구매 행위가 일어나기까지 거쳐야 할 모든 단계, 즉 무엇이 구매 행위를 하게 만들었는가, 어떤 가치를 두고 우선순위가 정해졌는가, 돈을 지불하게 하는 결정적 요인은 무엇인가, 어떻게 사용하고 있는가, 사용 후에는 어떻게 처리하는가 등 A부터 Z까지 소비가 이루어지는 전체 과정은 한 사람의 생활습관과 가치관을 보여 준다. 일상 속에서 나타나는 나의 모든 행위에는 지금 어떻게 살고 있는지, 삶의 태도는 어떤지 등이 고스

란히 담긴다. 특히 나만의 창조성과 결합한 패션이나 화장은 상징적으로 그것을 드러낸다.

녹색소비에 관심이 많고 본인의 가치관이 비거니즘과 닮아 있어 라이프스타일과 소비 전반에 걸쳐 이를 표현하고 싶지만 식생활에서 비건을 실현하기 어렵다면 '바르는 비건', '피부 채식'부터 시작해보면 어떨까. 여기서 피부 채식은 단순히 동물 유래 성분이 들어 있지 않은 '비건화장품'을 쓴다는 의미는 아니다(앞에서 언급했듯이 우리나라는 법적으로 화장품 동물실험과 동물실험을 한 화장품의 판매와 유통이 금지되어 있다. 한국에서는 천연화장품·유기농화장품·비건화장품이라고 화장품에 표기하기 위해서는 반드시 관련 인증마크를 받아야 한다. 화장품 회사 입장에서는 인증을 받기 위해 들어가는 비용이 부담스러울 수 있다. 작은 회사에게는 그 부담이 더 크다. 비건화장품 인증은 동물성 원료의 유무에 관한 인증이지 합성화학성분을 규제하는 내용이 포함되어 있는 것은 아니다). 화장품의 성분을 꼼꼼히 체크하는 것은 물론이고 용기와 포장 등 사용 후의 처리까지 고민한 화장품을 선택해야 한다는 의미다. 피부 채식을 한다는 의미는 내 라이프스타일 자체의 변화도 목표로 삼고 있다는 뜻이니까. 이를 위해 우선 화장품이 흡수되는 피부의 메커니즘에 관해서 알아보도록 하겠다.

*이 글에 언급한 통계 자료는 나의 향장학 석사논문《비건화장품에 대한 인식 및 사용실태에 관한 연구》에서 가져온 것이다. 논문을 쓰기 위해 비건화장품을 알고 있거나 사용한 경험이 있는 일반인, 뷰티업계 종사자, 동물애호가, 채식주의자 등 수도권 거주 20~50대 성인을 대상으로 2019년 2월 20일부터 3월 31일까지 설문조사를 실시했고, 비건화장품을 사용한 101명(40퍼센트)과 사용해 보지 않은 154명(60퍼센트) 총 255명이 조사에 참여했다. 논문은 비건화장품의 사용 실태를 조사하고, 비건화장품의 인식 요인을 성분과 효능, 윤리적 요인, 환경적 요인, 이렇게 세 가지 하위 요인으로 나누어 비건화장품의 만족도에 미치는 영향과 필요성, 구매 의도를 비교·분석했다.

피부, 우리는 제대로 알고 있을까?

피부는 제2의 호흡기관

우리가 보고 만지고 가꾸고 있는 피부는 사실 죽은 세포다. 피부는 몸무게의 7퍼센트에 해당하는 가장 큰 조직으로, 면적은 1.6~1.8제곱미터지만 표피 두께는 0.06~1밀리미터에 불과하다. 피부는 각질층이 속해 있는 외각층인 표피와 그 아래 진피, 그리고 진피 아래 피하지방으로 크게 구분되며, 평균 28일 정도의 각질화 과정을 거치며 허물이 벗겨지고 새 피부가 재생되는 과정이 수없이 반복된다. 우리 몸의 때가 바로 그 허물이다. 우리의 피부는 한 달 전의 그 피부가 아니다. 표피의 가장 외각인 각질층 전 단계를 '과립층'이라 하는데, 여기부터는 더 이상 핵이 없는 죽은 세포다. 하지만 인간사 많은 부분이 이 죽은 피부 거죽으로 결정된다. 외모의 아름다움이라는 것이 결국은 한낱 이 피부 한 겹으로 결정된다는 의미다.

그렇다고 당황할 필요는 없다. 이 피부 한 겹에는 한편으로 그런 관심을 받을만한 반전 요소가 숨어 있다. 세포에 핵이 없는 이 각질층은 외부 물질과 미생물들의 침입을 막는 보호기능을 수행하는 피부장벽이라는 중요한 역할을 담당하고 있으며, 표피에는 표피의 95퍼센트를 차지하는 각질 형성 세포, 자외선 침투를 막고 피부색을 결정하는 멜라닌을 생성하는 멜라닌 세포, 외부 항원의 침입을 인지하는 랑게르한스 세포, 촉감을 감지하는 머켈 세포가 분포되어 있다. 또한 우리 몸에는 천연보습인자들이 있다. 땀과 피지 그리고 40퍼센트의 아미노산이 주요 구성 성분인 자연보습인자 NMF Natural Moisturizing Factor가 각질세포에 안에 분포되어 있어 보습에 관여한다. 아토피피부염은 이것이 결핍되어 발생하는 각질세포의 수화水化 부족이 원인 중 하나이며, 피부 건선은 표피의 교체 시간이 8일 정도에 지나지 않아 발생하는 피부 질환이다.

피부는 신체의 가장 큰 면적을 차지하고 있는 다공성多孔性 기관으로 화장품 등 피부에 닿는 외부 물질을 흡수한다. 〈미국 공중보건 저널American Journal of Public Health〉은 식수에서 발견되는 화학물질의 피부 흡수율을 조사했는데, 총 오염 물질 투여량의 평균 64퍼센트를 피부가 흡수한다는 사실을 밝혀냈다. 최근 미국 일리노이대학교 연구팀은 플라스틱의 내분비교란물질로 알려진 EDC Endocrine Disrupting Chemicals 성분의 위해성을 입증하는 또 다른 연구 결과를 발표했는데, 역시 피부에도 흡수된다고 한다(《헬스조선》 2021.1.6). 물론 대부분 피부의 최전방인 각질층을 포함한 표피층 내에서 흡수되는 것이겠지만, 사실 피부 흡수는 수년 동안 유해한 물질에 피부가 노출되어 문제가 발생하기도 해서 진입 경로를 알아내기 어렵다. 물질은 피부에 머무르면서 축적될 수도 있고, 그러다 방출되거나 혈류로 물질이 흡수될 가능성도 있다. 혈류로 흡수될 경우 혈류를 타고 전신을 돌게 된다. 유해한 화학물질이 온몸을 순환할 경우 내분비계, 호흡기계, 생식기계, 신경계 등에 영향을 미칠 수 있다. '신체부하량body burden'은 몸안에 축적된 화학물질의 농도 또는 양을 나타내는 용어다. 8만 개 이상의 화학물질에 둘러싸여 사는 현대인의 일상생활에서 화학물질은 피할 수 없는 버든burden, 말 그대로 '짐'이다.

몇 년 전 모 방송사에서 특집 다큐멘터리로 신체부하량의 심각성을 조명한 적이 있는데, 로만 폴란스키 감독의 영화 〈비터 문〉에 나온 미국 배우인 피터 코요테의 인터뷰가 나왔다. 그는 유명인을 대상으로 하는 신체부하량 테스트에 참가했는데, 그의 몸에서 환경호르몬, 신경독성물질, 생식독성물질 등의 화학물질이 발견되었다. 놀라운 사실은 그가 40년 동안 유기농 음식만 먹고, 공기 좋은 캘리포니아에서 살며, 심지어 15년 동안 전기도 사용하지 않는 청정 그 자체의 삶을 살아왔다는 것이다. 자신의 혈액을 '화학물질 칵테일'이라고 불렀던, EU 환경위원인 마르고트 발스트룀의 혈액검사 결과 역시 충격적이었다. 그는 스웨덴의 청정지역에서 자랐지만 그의 혈액에서는 28종의 살충제와 독극물까지 포함된 독성화학물질이 검출되었다. 심지어 혈액 분석을 맡았던 병리학자는 그 정도의 혈액 오염 정도는 평균 수준이라고 언급했다(《한겨레》 2003.11.7). 그렇다면 서울을 비롯한 대도시에서 평생을 살고 있는 나를 비롯한 도시인들의 몸은 과연 어떤 상황일까? 공포스럽다. 우리의 몸과 지구의 상황이 다르지 않다.

화학물질은 공기를 들이마실 때 몸으로 들어오거나 음식, 물, 피부로 흡수된다. 피부의 경우는 옷, 세제·세척제, 화장품과 기타 소비제품을 이용할 때 몸으로 흡수된다. 다행히 우리 몸의 경이로운 해독 메커니즘이 이런 독소를 제거한다. 하지만 그 용량이 초과되어 몸 밖으로 제대로 배출해 내지 못한다면 몸 여기저기에 축적될 수밖에 없고, 그 쌓인 독소 때문에 여러 가지 질병이 생길 것이다. 잘 알다시피 간은 해독에 가장 큰 역할을 담당하고 있고, 폐·대장·신장도 이런 일을 함께 수행한다. 해야 할 일이 너무 많은 간이 회복력이 떨어지기 전에 우리는 일상에서 할 수 있는 방법들을 실행해야 한다. 피부에 직접적으로 닿는 제품들은 가능한 한 화학물질이 최소한으로 들어 있는 제품을 선택해 유해 화학물질 노출을 최소화한다. 하루에 섭취해야 하는 적당량의 물(키와 몸무게를 더한 후 100으로 나눈 값)을 먹어 소변으로 배출하고, 비타민·미네랄·식이섬유가 풍부한 채식 위주의 식사를 하고, 적당한 운동을 해서 유해물질이 땀과 호흡으로 배출되게 한다. 간에 쌓인 피로가 풀리고 몸이 회복되면 우선 피부색이 달라진다.

피부의 물질 흡수는 모공·땀샘·각질층에서 이루어지는데, 물질이 경피輕皮 흡수되려면 몇 가지 주요 사건이 발생해야 한다. 우선 물질이 피부장벽 기능을 하는 각질층과 상호작용을 해야 하고, 각질층에서 물질의 확산이 일어나야 하며, 친유성 각질층에서 투과가 더 힘든 수용성 안쪽 표피층으로 이동할 수 있어야 한다. 그렇게 진피 조직까지 도달해야 한다. 고분자인 화장품 내용물은 진피층까지 흡수되기가 참으로 쉽지 않다. 사실 피부장벽이 그렇게 쉽게 뚫린다면 정말 곤란한 일이다. 그러나 여러 가지 외부 요인 때문에 피부장벽에 문제가 생긴다면 이건 다른 차원의 이야기다.

피부에 이상적인 온도는 20~25도, 습도는 45~55퍼센트다. 피부 각질층은 30퍼센트 정도의 수분을 함유하고 있어야 하며, 보습은 피부장벽에 영향을 미치는 주요 요인이다. 하지만 공기가 습해 습도가 높아져 피부가 젖어 있다면(피부에 수분이 많이 함유되어 있다면) 그 역시 피부장벽 손상에 원인이 될 수 있고, 곰팡이나 세균이 원인이 되는 피부질환이나 화학물질 등에 반응을 일으킬 수도 있다. 피부 수분 보유도는 피부 각질층의 수분 상태를 말한다. 그밖에도 합성화학성분, 건조한 환경과 부족한 수면, 부적절한 식생활은 피부장벽을 약화시킬 수 있으며, 각질 제거를 자주 하는 것도 도움이 되지 않는다.

또한 피부 각질층의 주요 기능 중 하나는 pH 유지다. 용액의 수소 이온 농도를 의미하는 pH는 0에서 14까지의 숫자로 표현한다. 수소 이온이 많으면 산성, 수산 이온이 많으면 알칼리로, 7 미만은 산성, 7 이상은 알칼리성이라는 의미다. 피부의 pH는 각질층의 pH를 말하는데, 피지와 땀으로 이루어진 피지막이 있어 정상 피부는 약산성인 pH5~6이고 pH5.5를 건강한 피부의 pH 지수로 본다. 이 pH가 유지되어 유해물질과 외부 미생물의 침입·증식을 억제하는 보호기능을 수행할 수 있다. 하지만 피부 세포의 수분이 부족하면 피부가 알칼리 상태가 되고, 피부 보호기능이 약화되며, 피부장벽이 약해져 피부 상태 또한 나빠진다.

피부는 이러한 보호기능은 물론 표피의 항상성homeostasis, 즉 피부장벽 유지 이외에도 다양한 기능을 수행한다. 태양광선으로부터 신체 보호, 체온 조절, 수분 손실 억제, 감각 기능, 뼈와 치아 발달에 필수적인 비타민D 생산 등의 신진대사, 노폐물 배출 등이 바로 그것이다.

한편 장내에 미생물이 살고 있듯이 피부에도 수십 억 마리에 달하는 150종 이상의 미생물들이 살고 있다. 이 피부상재균은 우리가 태어나면서부터 공존하고 있다. 대부분은 인간에게 해를 끼치지 않고 외부 미생물의 침입을 막아 주거나 피부장벽 기능을 돕는 등 다양한 일을 한다. 건강한 피부의 생태계를 유지하기 위해서는 피부상재균이 반드시 필요하다. 소독제, 비누, 세제로 너무 빡빡 씻어

이 유익한 균을 없애지 말아야 한다. 과한 화장품의 사용도 이 미생물들과 공생하는 데 도움이 되지 않는다.

피부는 또한 스트레스에 취약하다. 상당 부분의 피부질환이 정신적인 요인이라는 말도 있듯이 스트레스는 피부의 생리 상태에 영향을 미치고 대상포진 같은 포진, 지루성피부염, 원형탈모, 가려움증 등의 피부질환을 일으킬 수 있다. 아토피피부염에도 악영향을 준다. 각질세포, 멜라닌세포 등 피부세포에서 분비되는 스트레스 호르몬인 코티솔cortisol, 급성 스트레스에 반응해 분비되는 물질이 피부장벽 기능에 손상을 일으킨다는 연구 결과도 최근에 나왔다. 피부 문제는 단순히 피부에 화장품이나 약을 발라 치료하고 관리해서는 해결하기 어렵다. 피부 너머의 상태까지 전인적으로 접근해야 하는 이유가 여기에 있다.

피부를 한의학적으로 이해하는 일은 동양철학과도 연결된다. 한의학에서 피부는 몸과 정신의 건강 상태가 표출되는 곳, 외부의 좋은 기운과 사기邪氣(몸을 해치는 나쁜 기운) 등 외부와 통하는 부위다. 그래서 장기의 문제는 오장육부의 거울인 얼굴로 표현된다고 했다. 옛날에는 피부 문제가 발생할 경우에 기혈氣血의 '소통'을 원활하게 해 주는 치료를 했다. 기혈의 흐름을 원활하게 만들기 위해 기와 혈로 전신을 연결시키고 몸의 모든 부분을 조절하는 통로인 경락을 관리해야 한다는 경락 학설도 있다. 경락의 원활한 운행을 도와 음양의 에너지가 조화를 이루게 하여 피부를 보호하는 것이다.

한편, 2020년 6월 국제 학술지 〈네이처〉에 따르면 미국 하버대드대학교 의과대학 이비인후과연구팀이 모낭과 함께 피지선과 초기 형태의 신경회로까지 있는 인공피부를 개발했다고 하고, 같은 해 11월 〈사이언스〉에서는 포항공과대학교와 미국 스탠퍼드대학교 공동 연구팀이 세계 최초로 온도와 자극을 감지할 수 있는 전자피부를 개발했다고 공개했다. 우리는 피부를 전통적인 시각인 음과 양의 에너지 조화라는 관점에서 여전히 바라보기도 하고, 동시에 신경회로까지 탑재되어 있는 인공피부와 촉각과 온도를 느끼는 전자피부를 만들 수도 있는 시대에 살고 있다. 흥미롭지 않은가?

나이드는 것을 두려워하는가?

안티에이징·슬로에이징 따위는 없다!

우리는 매일 무의식적으로 쓰고 있는 단어의 노예다. 아무 생각 없이 사용하고 있는 단어들을 입 밖으로 내뱉는 순간, 그 단어에 부여된 의미에 갇혀 버린다. 노후 대비, 동안 미인, 소확행, 대체의학, 뉴노멀, 갱년기 같은 단어가 그 좋은 예다. 이런 단어를 사용할 때 연쇄적으로 이를 형용하는 단어가 뒤따르거나 그 앞에 떡 하니 자리 잡고 나도 모르게 어떤 결과를 단정지어 버린다. 이렇게 일찌감치 화석화된 단어들은 그 틀 안에 사고를 가두어 버리고 옭아맨다. 무의식 영역에 의미를 각인시켜 버리는 것이다. 상습적이고 습관적인 낱말 조합은 상상력을 향한 폭력이다. 이런 언어의 조합은 대부분 부정적이고 자기 연민과 자기 축소를 일으키기 일쑤다. 우리는 좀 더 민감하고 주의 깊게 의식적으로 단어를 선별해 사용할 필요가 있다.

늘 나를 불편하게 하는 단어가 있다. 바로 '안티에이징 anti-aging'이다. 소비주의가 만들어 낸 수많은 광고성 '히트' 단어 중의 하나로 꽤 성공을 거둔 단어다. 이 단어가 널리 사용된다는 것은 소비자의 욕구를 제대로 건드렸다는 의미다. 사람들은 왜 그렇게 나이 들어가는 것을 못 받아들이는 것일까? 지극히 자연스러운 과정인데 말이다. 나이가 들면 주름이 생기고, 피부 탄력이 떨어지고, 신진대사도 원활하지 않고, 뼈의 조골 기능보다 파골 기능이 빨라지며, 콜라겐은 빠지기 마련이다. 몸을 수십 년 동안 그렇게 이리저리 사용했는데 당연한 일 아닌가. 그동안 큰 탈 없이 작동해 준 것에 고마운 마음을 갖지는 못할망정 자신의 나이든 몸을 추하게 생각하고 사랑하지 않는 것은 우리가 살아온 삶을 모욕하는 어리석은 행위다.

물론 노화를 두려워하는 것은 당연한 감정이니 각자 나름대로 이를 소화할 시간을 갖고 우리 몸의 봄여름가을겨울을 자연스럽게 받아들여야 한다. 받아들이지 못하면 노년의 삶이 힘들어진다. 몽테뉴는 "노령은 얼굴보다 마음에 더 많은 주름살을 심는다"고 했다. 노화는 우리가 싸워야 할 대상이 아니다. 자연의 질서를 거슬러 노화와 싸워 회춘할 방법은 없다. 물론 전 세계적으로 과학자들이 다양한 세포 노화 제어 연구를 하고 있어 미래에 어떻게 될지는 알 수 없지만 조만간 벌어질 일은 아니다.

물론 건강하게 나이 들면서 노화의 속도를 늦출 수는 있다. '슬로에이징slow aging'과 '헬시에이징healthy aging'은 개인이 생활습관과 식습관 등을 바꾸려고 노력하면서 충분히 해낼 수 있다. 병들지 않고 나이드는 일이 가능할 수도 있다는 말이다. 이는 내가 나에게 던진 질문인 '어떻게 내 인생을 살고 죽어야 하는가?'에서 파생된 '분명히 다가올 노병사의 과정을 어떻게 맞이할 것인가?'라는 질문과 관련이 있다. 여기서 '생로병사'라는 단어를 그냥 수용해 버려서 이런 질문이 되었지만, 사실 질문 자체가 잘못되었다. '생로사'라는 단어도 사실 가능하다.

《늙어감의 기술》을 쓴 노스캐롤라이나대학교 의과대학의 교수이자 노인의학 분야의 권위자인 마크 E. 윌리엄스 박사는 한 일간지와 인터뷰를 하면서 이런 말을 했다. "질병이 없는 상태에서 이루어지는 정상적인 노화는 놀랄 정도로 부드럽다."(《조선일보》 2018.1.20) 노화가 부드럽다니 참으로 시적이지 않은가? 《의과학으로 풀어보는 건강수명 100세》에서는 근육이 빠져 나가는 근육위축증은 나이를 먹으면 당연히 오는 것이 아니라 스스로 나이 들었다고 생각하여 잘 안 움직이고 근육을 안 쓰기 때문에 오는 비사용 위축disuse atropy일 가능성이 높다는 사실을 언급하며 운동의 중요성을 강조한다.

근육은 나이들수록 부지런히 가꾸어야 한다. 얼굴을 가꾸듯이. 아니 그 보다 더! 운동의 필요성은 누구나 다 알고 있지만 특히 혈관

건강을 위해서는 반드시 해야 한다. 한국인의 사망 원인 중 혈관 관련 질환은 큰 비중을 차지한다. 또한 《의과학으로 풀어보는 건강수명 100세》에서는 뇌 가소성brain plasticity(뇌는 지속적인 정보, 다시 말해 경험과 노력으로 계속 변화하고 회복한다는 개념)과 나이 들어갈수록 증가한다는 '무언가를 꾸준히 할 수 있는 끈기'인 그릿grit을 언급하며 나이드는 일이 기대된다고 말하고 있다. 우리는 나이와 상관없이 지적 활동을 멈추지 말아야 한다. 물론 운동도 뇌 건강과 밀접한 관련이 있다. 핵심은 몸과 마음이 질병 없이 천천히 그리고 건강하게 늙어 가고 싶다면 각자에게 맞는 방법을 찾아야만 한다는 것이다.

복합적인 원인과 기전이 상호 얽혀 진행되는 노화는 이론이 아직 정립되지 않은 신생 학문 주제 중 하나다. 지금까지 발표된 약 240여 개의 노화이론은 크게 두 그룹으로 분류할 수 있다. 하나는 세포의 염색체 말단에 있는 텔로미어telomere(DNA 끝 부분에 위치하고 있으며 우리 몸의 세포 노화에 영향을 미친다고 알려져 있다. 노화가 진행될수록 염색체 끝의 텔로미어의 길이가 짧아진다고 한다)의 길이, 즉 노화를 생체시계에 기초한 '프로그램화된 노화'로 보는 관점이다. 또 하나는 이와는 다르게 노화가 정해져 있지 않은 불규칙한 물리적이고 화학적인 사건에 근거한다는 이론이다.

눈으로 확인할 수 있는 노화인 피부의 노화는 보통 크게 두 가지로 구분된다. 나이 들면서 일어나는 일반적(생리적)인 노화는 전체 피부 표면·기능·구조·모양에 영향을 미치고, 자외선이 유발하는 노화인 광노화는 노출된 피부 부위에 국한되어 영향을 미친다. 물론 유전적인 요인·환경·식습관·호르몬의 변화 등도 노화와 관련이 있다. 피부는 가장 바깥쪽에 위치한 1차 방어막이기 때문에 피부노화 방지를 위해서 과다한 자외선을 막는 일은 중요하다. 자연스러운 일반적 노화는 어쩔 수 없지만 자외선 때문에 발생하는 노화는 자외선 과다 노출을 피하고 자외선 차단 화장품을 올바르게 사용한다면 예방할 수 있다.

물론 태양광선은 우리의 정신건강과 비타민D 형성에 절대적으로 필요하다. 하지만 이 역시 과도하면 피부 표피의 각질층에서 자외선을 방어해 주고 있음에도 불구하고 표피 아래쪽 진피층까지 피부 투과가 되기 때문에 각질층을 두껍게 만들고, 진피의 탄력조직에도 영향을 미치며, 콜라겐 섬유들도 손상을 입히는 한편, 피하조직과 그 부속물에도 변화를 초래할 수 있다. 태양광선을 방어할 수 있는 능력은 개인에 따라, 그리고 피부색에 따라 다르다. 대체로 백인이 방어력이 약한 편이고 흑인이 강한 편이다. 동양인은 그 중간 어딘가에 있다.

피부노화 하면 역시 주름이 가장 먼저 떠오른다. 20대 초부터 표정이 바뀔 때 생기는 주름과 눈가 주름으로 시작된다. 팔자주름과 연약한 목·가슴 피부의 주름이 노화의 첫 신호라고 말하기도 한다. 나이가 들면 세포 생산이 둔화되고, 피부 층이 얇아지며, 표피와 진피의 경계부가 약화되고, 각질층의 수분 결핍이 심화되며, 진피층의 콜라겐과 탄력섬유인 엘라스틴 그리고 그 섬유질들 사이에 채워져 있는 히알루론산과 무코다당류 등의 기질 생성이 감소된다. 그 결과 피부의 구조적 지지력과 탄력이 손상되어 피로하고 주름진 모습을 만들어 낸다. 피부의 전반적인 직조 매트릭스가 약화되는 것이다.

하지만 노화가 되어도 신경세포는 변화하지 않는다. 다른 감각은 나이 들며 둔화되어도 외부의 자극을 피부로 인지하는 센서인 촉각은 변하지 않는 감각이다. 늙지 않는 센서다. 영화 〈퍼펙트 센스〉에서는 정체 모를 바이러스 때문에 이 촉각을 뺀 인간의 나머지 감각들이 하나하나 상실되어 간다. 그래도 사람들은 그러한 환경에서도 어떻게든 살아남을 방법을 찾는다. 그렇게 삶은 계속된다. 감독이 말하려 하는 마지막 완벽한 감각은 바로 '사랑'이다.

호모 헌드레드homo hundred. 2009년 UN의 〈세계 인구 고령화World Population Aging 보고서〉에 처음 등장한 단어로 "의학기술 등의 발달로 100세 장수가 보편화된 시대의 인간을 지칭하는 학술용어"다. 한국은 2045년에 세계 1위의 고령국가가 될 것이라는 발표도 있었다. WHO는 헬시에이징 즉, 건강한 노화를 "노년기에 웰빙을 가능하게 하는 기능적 능력을 개발하고 유지하는 과정"으로 정의했다. 기능적 능력은 '가치 있는 일을 할 수 있는 능력'을 의미하는 것으로, 여기에는 다음과 같은 개인적인 능력이 있어야 한다. 기본

적인 필요들이 충족되어야 하고, 움직일 수 있어야 하며, 배우고 성장하고 결정을 내릴 수 있어야 하며, 관계를 구축하고 유지할 수 있고, 사회에 공헌할 수 있어야 한다. 대단히 인상적이다. 건강하게 나이 들어간다는 것을 단순히 병 없이 건강하게 나이든 '상태'가 아니라 웰빙을 위한 '동적인' 노력으로 보고 있는 것이다.

어떻게 나이들 것인가? 분명 늙어 가는 것에도 기술과 재구성이 필요하다. '부드러운 노화'와 '기대되는 노년'을 위해 각자의 방법을 연구하고 실행해야 한다. 늙는다고 변하는 것은 없다. 자신에게 기회를 주는 일과 도전은 계속되어야 한다. 우리에게는 늙어도 변하지 않는 완벽한 감각인 '사랑'이 여전히 있지 않은가? 끝날 때까지 끝난 것이 아니다.

드라마틱한 '비포 VS 애프터'를 기대하는가?

나에게 꼭 필요한 화장품이란

나는 화장품을 중학생 무렵부터 사용했다. 물론 스킨과 로션으로 구성되는 기초 얼굴 관리 제품이다. 몸 관리 제품은 자주 사용하지 않아서 피부가 굳이 필요를 못 느끼는 것 같다. 지금도 보디로션이나 오일은 사용하지 않고 겨울에 아주 건조할 때만 일정 부위에 가끔 사용한다. 사실 사용하지 않아도 몸이 건조하다는 느낌을 받은 적이 거의 없다. 그러나 얼굴은 다르다. 세안 후 화장품을 사용하지 않으면 얼굴 피부가 건조해지고 땅기기 시작한다. 그 단단하고 팽팽해지는 느낌이 싫어서 보통 바로 스킨을 사용한다.

화장품을 본격적으로 공부하기 시작하면서 지금까지 당연하게 순서대로 사용하던 화장품을 쓰지 않을 경우 피부에 어떤 변화가 일어나는지 궁금해졌다. 화장품 미니멀리즘을 실천하기 위해 내게 꼭 필요한 화장품을 알아내고 불필요한 것은 사용하지 않으려고 짧지만 한 달 정도 내 피부를 실험해 보았다. 여러 가지 변화들이 있었다. 특히 자외선 차단을 위한 제품을 전혀 쓰지 않고 돌아다닌 후의 피부에는 기미·주근깨·색소침착·잔주름이 생기기 시작했고, 기존에 있었던 기미의 색도 더 침착되어 사용 전후의 뚜렷한 차이를 확인할 수 있었다. 길지는 않았지만 한 달 정도 실험한 후, 나에게 매일 필요한 얼굴 관리를 위한 화장품 종류를 결정했다.

우선 식물성 오일로만 만든 약알칼리성 비누를 쓴다. 눈 화장을 할 경우에는 1차로 물로 씻어 내는 식물성 오일 성분의 오일클렌저를 사용한 후 비누로 이중세안을 한다. 이건 매일 쓰지는 않으니 매일 필요한 화장품에서는 제외하겠다. 그리고 스킨이라고도 부르는 스킨토너, 로션이나 크림 형태의 에멀전 하나, 그리고 바깥 활동을 할 때만 사용하는 자외선 차단 크림 이렇게 총 네 가지다.

그 이유는 다음과 같다. 화장은 씻는 것부터 시작된다. 세정력이 필요하므로 pH8~9 정도의 약알칼리성 비누를 사용한다(아기나 어린이 그리고 약한 피부를 가졌다면 약산성 비누를 권한다). 세안은 피부 노폐물을 제거해 피부를 청결하게 하며, 피부의 정상적인 신진대사와 트러블 방지를 위해서도 반드시 필요하다. 세안 후 스킨토너를 사용하는 목적은 약알칼리 클렌징이나 비누 세안 후 다시 얼굴 피부의 상태를 pH5~6의 약산성으로 회복시키고, 피부 표면 정리와 보습 그리고 이어서 사용할 에멀전 흡수를 쉽게 만들기 위해서다. 보통 타월을 사용하지 않고 손으로 얼굴을 가볍게 두드리면서 물기를 말리고 물기가 마르기 전에 스킨토너를 바른다. 얼굴을 가볍게 두드리고 손바닥으로 얼굴을 감싸 주는 행위만으로도 얼굴 혈액순환에 도움이 된다.

다음은 에멀전emulsion으로 봄과 여름에는 로션 형태, 가을과 겨울에는 크림 형태로 사용한다. 공기가 습할 때는 에멀전을 사용하지 않고 스킨토너 하나로만 끝내기도 한다. 에멀전은 수상층과 유상층, 즉 물과 오일이 미세 분산되어 있는 형태로 피부에 수분·유분·영양분을 공급해 준다. 로션과 크림이 대표적이다. 오래 전에는 로션·크림·아이크림 등 있는 대로 죄다 사용하기도 했었는데 하나면 충분하다. 보습한 피부 상태를 유지하기 위해 사용하는 스킨토너를 얼굴에 수시로 스프레이해서 건조해지지 않도록 한다.

그리고 화장품 소재를 계절별로 다르게 사용한다. 가을과 겨울, 찬 바람이 불고 공기 중 수분의 양이 줄어드는 건조한 때에는 식물성 오일이나 밤으로 오일 코팅 보습막을 만들어 피부 수분 증발을 막고 수분이 빠져 나가지 않게 해 준다. 또한 봄과 여름에는 에멀전에 수분을 더하고 흑설탕이나 식물 셀룰로우즈를 사용해 가끔 각질 제거를 한다. 각질층은 피부 보호장벽이자 수분 보호막으로 각질층 표면의 피부 지질(피지)은 수분 증발을 조절하고, 외부 유해물질과 세균으로부터 피부를 보호하며, 각질층에 수분과 윤기를 제공

한다. 그렇기 때문에 필링 제품을 사용해 자주 각질 제거하는 일은 피부를 오히려 손상시킬 수 있어 피부 상태를 살펴 가며 해야 한다. 자외선 차단제는 강한 태양광선을 막을 수 있는 식물성 소재와 성분을 아직 찾지 못해서 무기 화합물 계열 자외선 차단제(일종의 금속산화물가루로 '무기자차'라고도 한다)인 티타늄디옥사이드 TiO_2(이산화티타늄)와 징크옥사이드 ZnO(산화아연)를 함께 넣어 로션이나 크림 형태로 만들어 사용한다. 백탁 현상과 좀 뻑뻑한 질감이 있기는 하지만, 피부 흡수가 잘 되지 않고 자외선을 물리적으로 반사·산란시켜 피부에 자극이 덜하다.

참고로 나의 얼굴 피부는 표피가 얇은 편이고 복합 민감성 피부지만 건강한 편이다. 잔주름은 적으나 물론 노화가 잘 진행되고 있다. 얼굴 피부 상태는 각 개인의 외적 요인이나 내적 요인에 따라 다르고 변화가 계속되기 때문에 모두에게 적용되는 정해진 답은 없다. 음식, 계절, 온도, 스트레스, 건강 상태, 일, 인간관계 등의 이유로도 변화한다. 오전·낮·밤의 피부 상태도 각각 다르다. 중요한 것은 수분·유분·영양분을 과하지 않게 골고루 공급해 주는 일이다. 밸런스, 곧 균형을 맞추는 일이 화장에도 역시 중요하다

우리나라 화장품 법에 규정된 화장품의 정의를 살펴보면, 화장품이란 "인체를 청결·미화하여 매력을 더하고 용모를 밝게 변화시키거나 피부와 모발의 건강을 유지 또는 증진하기 위하여 인체에 바르고 문지르거나 뿌리는 등 이와 유사한 방법으로 사용되는 물품

으로서 인체에 대한 작용이 경미한 것"이다. 약사법 제2조 제4호의 의약품에 해당하는 물품은 제외한다. 특정 기능이 강화된 기능성 화장품에는 피부미백, 주름 개선, 선탠, 자외선 차단, 염모제, 탈염·탈색제, 제모제, 탈모완화제, 여드름(인체 세정용 제품류에 한정)과 피부장벽 기능을 회복하여 가려움 등의 개선에 도움을 주는 화장품, 튼살로 인한 붉은 선을 엷게 하는 데 도움을 주는 화장품이 포함된다. 질병의 예방과 치료용 의약품이 아니다.

화장품의 4대 품질 특성은 안전성, 안정성, 유용성, 사용성이다. 화장품은 의약품이 아니고, 안전해야 하며, 인체에 가볍게 작용되는 것으로 피부와 모발의 건강을 돕는 용도의 물품이다. 화장품을 사용한다고 해서 즉각적으로 피부가 하얗게 되거나 기미가 없어지거나 주름이 쫙쫙 펴진다거나 하는 기적 같은 변화는 없다. 혹시 그런 놀라운 변화를 말하는 화장품이 있다면 성분 체크 등 어떤 기전으로 가능한 것인지 의심을 품고 확인해 볼 필요가 있다.

나는 음식의 연장선에 화장품이 있다고 본다. 슬로뷰티는 음식의 가짓수를 줄이고, 신선한 제철 식재료에 충실하면서, 강하게 조미하지 않고 간은 약하게 한 몇 가지 반찬으로만 이루어져 있는, 하지만 필요한 영양소가 골고루 들어간 슬로푸드 밥상과 같다. 이것저것 과다하게 재료를 넣어 소화불량에 걸리지 않도록 피부가 받아들이기 편한 몇 가지 식물성 소재로도 화장품의 역할은 충분히 할 수 있다. 코로나19 때문에 늘 마스크를 쓰게 된 사람들이 피부 자극과 뾰루지 같은 피부 트러블을 호소하는 경우가 많아졌다. 게다가 손소독제도 자주 사용하기 때문에 피부에 화학성분이 많이 노출되어 불편함을 느끼는 사람도 요즘 많다. 이런 것도 몇 가지의 식물성 소재만으로도 충분히 피부진정과 보습 효과를 볼 수 있다.

앞에서 피부의 흡수에 관해 살펴보았지만 화장품은 이 표피층 케어로 끝나는 것이 당연하다. 화장품의 유효성분을 피부 깊숙이 넣기 위한 기술이 계속 연구되고 있는데, 사실 피부 진피층까지 침투해 들어가는 화장품들이 많아진다면 위험하지 않을까? 유전자 분석까지 동원한 맞춤화장품 이야기까지 나오는 요즘 같은 세상에서 화장품의 역할과 기능에 관한 기대는 보는 입장에 따라 많이 다를 수 있다. 하지만 피부에는 자연보습인자NMF, Natural Moisturizing Factor, 피지막, 면역작용에 작용하는 세포들과 땀샘·체모·피부에 공생하는 수많은 미생물들 등이 있어 각자의 역할을 충실히 해내고 있다. 우리의 피부는 이렇게 자생력이 있기 때문에 화장품의 기능이 피부의 균형, 항상성과 자생력을 돕는 일 그 이상으로 과도해야 할 이유를 나는 찾지 못하겠다. 걱정하지 말고 피부가 알아서 본연의 일을 하도록 놔두는 것은 어떨까.

이런저런 이유로 화장품을 사용하지 않기로 결정하는 사람들도 있다. 그들은 머리도 샴푸는 물론 비누도 사용하지 않고 물로만 씻고, 얼굴에 화장품을 바르지 않는다. 음식을 배우면서 만난 몇 사람이 화장품을 사용하지 않으면 어떤가, 라는 질문을 한 적이 있었다. 화장품 없이도 별 문제가 없는 경우도 있고, 그렇지 않은 경우도 있으니 본인의 피부 건강을 고려해 선택하면 될 것이다. 화장품을 거의 쓰지 않았거나 화장품의 도움 없이도 피부가 괜찮은 경우를 제외하고, 보습과 자외선 차단 제품은 계속 사용해 왔다면 앞으로도 계속 사용하는 편이 좋지 않겠나. 아예 어려서부터 화장품을 전혀 쓰지 않는 것도 선택일 수 있다. 화장품을 평생 사용하지 않고 사는 남성들도 별 문제 없이 살지 않는가?(남성은 피지 분비와 콜라겐 함량이 여성보다 높다)

그렇다 해도 화장품이 가지고 있는 장점들이 많은데 구더기 무서워서 장을 못 담아서는 안 되니 먹는 음식의 재료를 고르듯이 화장품을 까다롭게 골라 사용하면 되지 않을까? 화장품의 전성분표를 꼼꼼히 체크해서 성분을 조사하고 자신에게 맞는 화장품을 찾아내는 과정은 가치 있는 일이다. 최근 '신념과 가치'를 중요하게 여기는 부티크 화장품 회사들도 늘어나고 있다(화장품뿐만 아니라 규모는 작지만 개성 있는 옷과 장신구 등을 만드는 소규모 회사와 그런 물건들을 파는 가게들이 많아지고 있다). 또 최근에 법제화된 '맞춤형화장품'도 본격적으로 시작되어 선택의 폭도 더 넓어지고 있어서 나만의 화장품을 발견하는 기쁨도 누릴 수 있다. 현명한 소비자라면 피부 건강을 위해 그 정도의 번거로움은 기꺼이 즐길 수 있을 것이다.

한 가지 더 추가하자면, 요즘은 아기 때부터 과하게 화장품을 사용하는 경향이 있다. 문제가 많은 피부나 질환이 있어서 외부적인 도움이 반드시 필요한 경우가 아니라면, 건강한 아기에게 이것저것 여러 제품들을 사용하기 전에 그 제품들이 왜 필요한지 먼저 생각해 보았으면 좋겠다.

나는 '예쁜 쓰레기'를
얼마나 배출하고 있는가?

이젠 화장품도 지구 환경을 생각해야 할 때

나의 첫 시작은 이랬다. 그날도 쓰레기 분리배출을 하고 있었다. 문득 내가 매일 하루도 거르지 않고 하는 일이란 끊임없이 무언가를 버리고 쓰레기를 만드는 일이구나, 하는 생각이 들었다. 화장실에서 변기 물을 내리면서 고작 이거 치우기 위해 물을 참 많이도 쓴다, 휴지도 참 많이 쓴다, 싶었다. 소변과 대변을 치우기 위해 화장실 변기에서 한 번의 물 내리기로 사용되는 양, 소변과 대변의 잔여물을 닦아 내기 위해 사용하는 휴지의 양, 그리고 일을 보고 손을 씻는데 사용하는 물의 양을 생각해 본 적이 있는가? 하루에도 이 일을 몇 번씩 반복하니 우리는 참 많이도 자원을 쓰고 있는 셈이다. 온라인으로 물건을 구입하면 달랑 하나를 사도 포장 쓰레기가 참 많이 나온다. 택배 박스, 물건이 손상되는 것을 막기 위해 박스에 가득 들어 있는 플라스틱 완충재, 물건을 담은 개별 상품 박스, 그걸 또 한 번 더 싸고 있는 비닐. 기본 포장만 해도 어마어마하다. 어떤 때는 정작 내용물보다 쓰레기가 더 많다. 한숨이 나온다. 포장이 과하다. 그렇게 사 놓은 물건을 우리는 다 사용하고 있을까. 입지 않는 옷 등 집안 곳곳에 사용하지 않는 물건들이 잔뜩 있다. 1회용품과 각종 플라스틱 용기들은 말할 것도 없다. 혼자 살고 있는 데도 음식물쓰레기를 포함한 쓰레기의 양이 어마어마해서 쓰레기를 버리면서 매번 정말 황당하고 동시에 죄의식을 느낀다. 그리고 내 쓰레기를 버리면서 보게 되는 다른 이들이 버린 쓰레기 역시 보고 있으면 먹고 배설하고 소비하며 끝없이 쓰레기를 양산하고 있는 인간이란 존재가 참 초라하게 느껴지기도 한다.

북태평양에 있는 한반도의 일곱 배에 달하는 크기의 쓰레기섬에 대해 들어보았을 것이다. 거기에 모인 플라스틱 쓰레기의 양은 약 1조8000억 개로 약 8만 톤의 무게라고 한다. 더 큰 문제는 5밀리미터 미만의 미세플라스틱이 많다는 점이다. 이 미세플라스틱이 물고기의 먹이가 되어 물고기의 몸으로 들어가고, 그 물고기를 먹은 인간의 몸에서 여러 가지 질병이 발생할 수 있기 때문이다. 북태평양 이외에도 북대서양과 남태평양 등 다른 대양에도 이런 쓰레기섬이 발견되고 있다고 한다. 우리는 우리의 집인 지구에게, 함께 살고 있는 지구의 생명들에게 그리고 결국 우리 자신에게 무슨 짓을 하고 있는 것일까. 최근에는 코로나19 때문에 생존 필수품이 된 마스크가 북태평양 쓰레기섬에서 발견되기 시작했다고 한다.

플라스틱 쓰레기는 우리가 당면한 큰 문제다. 우리나라는 플라스틱 소비 대국이다. 한국해양수상개발원의 2018년 보고에 따르면 우리나라는 1인당 플라스틱 소비량이 연간 132.7킬로그램에 이른다. 유엔은 매년 수백만 톤의 플라스틱 쓰레기가 해양으로 유입되어 해양이 '회복 불가능한 손상'에 직면해 있다고 경고했으며, 2050년까지 총 120억 톤의 플라스틱 쓰레기가 자연 생태계에 배출될 것이라 전망했다. 해양수산부가 실시한 조사에서 '해양 플라스틱 관리에 국민들이 책임이 있다'는 답변이 가장 높게 나왔지만(21퍼센트), 전체 응답자 중 63.2퍼센트는 해양 플라스틱 문제 해결을 위해 어떠한 노력도 한 적이 없다고 응답했다. 그 이유는 '무엇을 해야 하는지 몰라서'다.

기억해야 할 '발자국'이 있다. 바로 생태발자국이다. 생태발자국eco logical footprint은 "사람이 사는 동안 자연에 남긴 영향을 토지의 면적으로 환산한 수치"를 의미한다. 한국식물학학회가 출간한 《식물학백과》에 따르면 지난 반세기 동안 인류는 지구의 생태용량보다 더 많은 자연자본을 소비해서 생태발자국을 지속적으로 증가시켜 왔고, 이 구성요소 중에서 탄소가 가장 빠르게 증가하여 탄소발자국carbon footprint(개인이나 단체가 활동이나 상품을 생산하고 소비하는 과정에서 발생시키는 온실가스, 특히 이산화탄소의 총량을 의미한다)은 1961

년 대비 약 세 배 이상 증가했다고 한다. 지구의 생태수용능력을 초과하는 생태 '적자' 상태가 지속되고 있다는 의미다. 우리나라는 2018년 기준 이산화탄소 배출량 순위가 세계 8위로 엄청난 양의 이산화탄소를 배출하고 있다. 빠른 경제 성장이 가져온 큰 폐단 중 하나다. 조천호 전 국립기상과학원장은 이 기후위기는 "지구조절 시스템의 붕괴를 뜻하며 인류문명의 기반, 생존의 기반을 무너뜨린다"고 표현했다. 2019년 미국 오리건주립대학교 윌리엄 리플 교수와 전 세계 184개국 1만5300명이 넘는 과학자들은 함께 '기후 비상사태'를 선언했다. '기후변화'는 비상사태로 선언될 만큼 인류가 해결해야 할 가장 시급한 당면 문제가 되었다.

한편, 세계 환경 파괴에 따른 위기감을 시간으로 표시한 환경위기시계에 따르면 2019년 세계 환경위기 시각은 9시45분, 우리나라는 9시46분을 가리키고 있다. 9~12시는 '위험' 수준을 의미한다. 우리나라는 특히 소비습관, 기후변화, 생물다양성, 이 세 부문에서 심각성을 나타낸다고 한다. 한국환경산업기술원에서는 이와 관련해 대중교통 이용하기, 음식 남기지 않기, 1회용품 사용 줄이기, 세제와 샴푸 조금만 사용하기, 친환경 제품 사용하기를 환경위기 시간을 돌릴 수 있는 방법으로 제시했다. 새로운 내용도 아니고 모르는 것도 아니다. 위기감을 느끼지 못해 실천하지 않을 뿐이다. 이제는 최소한 이 중의 몇 가지라도 당장 우리 모두의 일상적인 습관이 되어야 한다.

나는 화장품을 만드는 사람인지라 화장품이 지구 환경에 미치는 영향에 관심이 많다. 지금까지 비비엘하우스의 DIY클래스와 워크숍에서는 화장품을 만들어 담는 유리 용기와 알루미늄 용기를 세척하고 소독해 여러 번 사용할 것을 권하고 있다. 올해는 화장품 출시도 계획 중이다. 내가 만들 화장품이 지구 환경에 어떤 영향을 미칠지 고민하고 그 영향을 최소화시킬 방법을 적극적으로 찾고 있다. 화장품의 성분뿐만 아니라 화장품 용기와 포장 등도 고민해야 할 중요한 문제다.

화장품과 관련한 대표적인 환경 이슈를 꼽으라면 아마도 화장품 미세플라스틱, 폐수와 하천수에 포함되는 화장품 계면활성제 같은 화학물질의 처리, 화장품 포장과 화장품 용기일 것이다. 이와 관련해서 현재 어떤 상황이고 업계에서는 어떻게 대처하고 있는지 자료들을 찾아보았다. 한국환경정책평가연구원 KEI의 2019년 보고에 따르면 우리나라는 미세플라스틱의 발생원과 발생량을 확인하여 환경에 미칠 수 있는 잠재적 영향 수준을 파악하기 위한 연구를 계속 진행하고 있으며, 현재 우리나라를 포함한 전 세계 여덟 개 국가에서는 마이크로비즈(물에 용해되지 않는 고체 플라스틱 입자로, 보통 최대 직경이 5밀리미터 이하를 말한다)에 한정하거나 일부 제품군에 한정하여 미세플라스틱 규제를 시행하고 있다고 한다.

미국의 코스메틱인포cosmeticsinfo.org는 화장품과 퍼스널 케어 제품에 사용된 미세플라스틱의 비율은 매우 미미한 수준으로 1퍼센트의 3분의 1 이하이며, 해양에서 발견되는 1차 미세플라스틱 중 화장품에 사용되는 미세플라스틱은 0.29퍼센트로 화장품업계는 단계적으로 자발적으로 이를 줄여 나가고 있다고 말했다. 또한 폐수와 하천수로 흘러들어 가는 화장품 합성계면활성제를 제거하기 위해 천연응집제를 사용한 친환경적인 폐수처리를 할 수 있는 방법, 식물성 기름에서 친환경 바이오계면활성제를 합성하는 방법, 천연물·미생물·효소를 사용한 생계면활성제 등 환경친화적으로 활용할 수 있는 다양한 방법들이 지속적으로 연구되고 있다는 사실을 여러 자료에서 확인할 수 있었다.

하지만 '예쁜 쓰레기'로 불리는 화장품 포장과 용기는 문제가 많다. 치열한 경쟁이 이루어지는 화장품산업 생태계의 상황과 소비자들의 다양한 욕구는 업계가 디자인과 용기에 과하고 불필요한 자원 낭비를 하게 만든다. 대다수의 화장품 용기는 유리·플라스틱·도자기·금속 등 다양한 소재가 복합적으로 사용되어 있어 소비자가 세심하게 분리배출하기도 어렵고, 재질 자체가 재활용하기 어려운 경우도 많아 재활용률이 극히 낮은 실정이다. 특히 화장품 플라스틱 용기의 경우 두꺼워 분쇄하기도 어렵다. 이제는 분리배출을 해도 재활용하기 힘든 제품에는 '재활용 어려움' 표시가 붙는다. 화장품도 예외는 아니다. 2021년 3월 25일부터 용기 재활용이 힘든 대부분의 화장품 용기에 '재활용 어려움' 표시를 하도록 법이 바뀌었다. 이젠 화장품 회사들이 화장품 용기 쓰레기에 관한 책임감을 가지고 실질적인 대책을 세워야 할 때다.

그나마 다행이라면 환경친화적인 바이오 플라스틱이 나오기 시작했고, 개발이 본격화되고 있다는 것이다. 아직 이를 사용하려면 해결해야 할 여러 가지 현실적인 문제들은 있지만 생분해 플라스틱 연구에 속도를 내고 있다는 것은 화장품업계에도 고무적인 일이라 할 수 있다. 알다시피 대부분의 플라스틱은 분해되지 않고 수백 년 또는 수천 년이 걸려야 광물화된다. 하루 빨리 쉽게 소각 처리할 수 있고, 묻어도 땅에 해롭지 않고, 실제로 생분해되며 재사용과 재활용이 가능한 용기가 당연해지기를 바란다.

이런 날이 오기 전에는 가능한 한 할 수 있는 방법들을 찾아야 한다. 화장품회사들은 실제로 생분해되거나 재활용 가능한 소재의 화장품 용기를 적극 활용해야 한다. 분리배출이 쉽고 재활용할 수 있는 단순재질의 용기를 만들어야 한다. 리필 용기나 용기 재활용에 관한 것도 고민해야 한다. 또 코팅된 종이박스 또한 재활용이 되지 않으니 종이 코팅도 하지 않는 방법을 찾아야 한다. 또한 관련 연구소와 기관 등에서도 다양한 친환경 재질의 용기와 포장을 연구해야 하며, 쓰레기를 줄일 수 있는 방법들을 더 적극적으로 모색해야 한다. 아직은 시작 단계지만 우리나라에도 리필 숍 등 제로웨이스트zero waste와 로웨이스트low waste가 가능한 가게들이 등장하고 있다. 소규모 부티크 브랜드에서 필환경 화장품 사업 모델들이 다양하게 나와야 한다. 이를 위해서는 소비자들의 욕구 변화도 중요하다. 소비자들이 이런 노력들을 알아주고 적극적으로 구입해야 관련 사업이 지속가능할 수 있기 때문이다.

화학물질은 현대인의 삶에 필수적인 것이 되었지만, 동시에 환경오염의 주범이기도 하다. 온갖 종류의 생활 화학물질에 둘러싸여 살고 인공 환경에서 대부분의 시간을 보내야 하는 우리는 우리가 지구에 속해 있다는 사실을 망각하고 있다. 먼저 쓰레기를 줄여야 하고, 자원을 순환시키는 재사용과 재활용을 해야 한다. 매일 사용하고 있는 화장품과 생필품이 이 지구에 미치는 영향까지 생각하는 의식 있는 소비자가 더 많아져야 하는 이유다.

예를 들면 자외선 차단제도 그중 하나다. 이제는 자외선 차단제를 바르고 바닷물로 들어가는 사람들 때문에 바다 생물들의 생존이 위협당하는 수준이 되었다. 2021년 올해 초부터 미국 하와이 주는 산호를 죽이고 해양생물의 내분비 교란 가능성을 증가시키는 옥시벤존(벤조페논-3)과 옥티녹세이트(에틸헥실메톡시신나메이트)를 함유한 자외선 차단제를 금지시켰다. 이 성분이 함유된 자외선차단제는 우리가 애용하고 있는 유명 브랜드의 제품들을 포함해 3500여 개에 이른다고 한다(《CNC News》 2018.5.14). 사용감이 불편하더라도 '무기자차' 자외선 차단제를 찾아 사용한다면 그나마 피부를 보호하고 해양생태계에 끼치는 피해를 줄일 수 있을 것이다. 그리고 번거롭더라도 다 쓴 모든 화장품의 잔여 내용물을 키친타월이나 휴지 등을 이용해 흡수시켜 제거하고, 용기 내부도 닦아 화장품 용기 뒷

면의 재질 표시를 확인한 후 가능한 한 재질별로 분리한다. 종이포장재로 만든 화장품 패키지는 테이프와 스티커 등을 다 뜯어 낸 후 종이류로 배출하는 습관을 들여 보자.

한편 소비자가 경계해야 할 것도 있다. 그것은 '위장 환경주의'라 할 수 있는 그린워싱green washing이다. 그린워싱은 'green'과 'white washing(세탁)'의 합성어로 기업들이 실상은 아니지만 겉으로는 마치 친환경경영을 하는 기업인양 홍보하는 것을 의미한다. 기업 입장에서는 트렌드에 발맞추고 소비자에게 어필하기 위한 마케팅 도구로 '환경'이라는 키워드를 가져와 좋은 이미지를 구축하고 싶겠지만, 자신들이 홍보하는 내용에 부합하는 실질적이고 구체적인 내용 역시 있어야 한다. 화장품을 포함한 기호성 소비제품의 경우 건강과 친환경을 요구하는 소비자들의 소리가 높아졌고, 그 요구가 구체적이라면 기업들도 더 부지런히 방법들을 모색해야 한다. 물론 정부와 관련 기관 차원의 관련 정책들이 뒷받침되어야 하는 것은 두말할 필요도 없다.

빔 벤더스 감독의 〈제네시스: 세상의 소금〉은 브라질의 세계적인 사진작가인 세바스치앙 살가두의 작품 세계를 다룬 다큐멘터리로, 살가두의 사진과 그의 사진 여정이 꽤나 인상적이어서 오랫동안 뇌리에 남아 있는 작품이다. 살가두는 아내와 함께 1998년 환경단체를 만들어 고향 마을에 있는 완전히 황폐해진 약 710만제곱미터 규모의 땅에 지난 20년간 200만 그루 이상의 나무를 심어 그가 기억하고 있던 어린 시절의 열대우림으로 숲을 복원했다. 7년 전 그는 테드Ted 강연인 '사진, 그 침묵의 드라마the silent drama of photography'에서 현재 고향의 울창한 열대우림 사진을 보여 주며 자신이 브라질에서 한 일은 어렵지 않으며 세계의 여러 곳에 적용시킬 수 있으니 함께 만들어 가자고 제안한다. 한 사람의 아이디어가 세상을 변화시킬 수 있다는 사실은 여전히 유효하다.

당신이 입을 통해 몸 안으로 들어가는 음식의 재료를 신중하게 선택하는 사람이라면 몸 밖의 피부에 바르는 화장품 재료에도 분명 관심이 있을 것이다. 그리고 그런 당신은 분명히 자신의 건강과 삶을 위하여 무엇 하나 소홀하지 않을 것이다. 당신이 살고 있는 집인 이 아름다운 지구에도 그만큼 많은 관심을 가져 주기 바란다. 건강한 지구에서 살기 위해서는 지구인으로서 누리고 있는 권리에 따르는 책임과 의무도 수행해야 한다는 사실을 충분히 인지하고 있었으면 좋겠다. 그리고 다음 세대를 위해 행동하는 지구인으로 살기를 희망한다. 왜냐하면 우리 세대가 지금 하는 일이 지구에 필연적으로 어떤 영향을 미칠 것이기 때문이다. 우리는 이 시대적 요구의 무게를 감당해야 한다.

"희망을 찾으러 다니지 말고 행동을 하세요. 그런 후에야 희망이 따라 올 거에요! 어른인 당신은 2050년 이후의 미래를 잘 생각할 수 없겠지만, 열여섯 살인 나는 2078년이 75세가 되는 해이고 그 이후의 미래에도 나의 자식들과 그 다음 세대는 계속되니 각성하고 행동에 옮겨 주세요. 현재의 룰은 바뀌어야 합니다. 모든 것이 바뀌어야 합니다." 열여섯 살의 기후변화 환경운동가인 그레타 썬버그가 행동하지 않는 기성세대를 향해 가차없이 날린 쓴 일침이다.

2

경이로운 식물과학, 식물 코스모스

"자연의 신비는
단 한 번에 한꺼번에 밝혀질
성질의 것이 아니다."

세네카, 《자연학의 문제》 제7권, 1세기
- 《코스모스》에서 재인용 -

손수 화장품을 만드는 '랩걸'

나는 화장품을 비롯해 피부에 닿는 대부분의 생필품을 만들어 쓴다. 얼굴·몸·모발 관리용품 일체와 비누·샴푸 같은 세정제류, 치약·주방세제·세탁세제·공기청정스프레이·화장실청소용품·초·향스틱 등의 생활용품, 연고·물파스·벌레퇴치용품·소독용품 등 허브로 만든 간단한 가정용 치료용품들을 직접 만든다. 이런 것들은 나에게 음식과 같다. 말 그대로 '스킨 푸드', 피부가 먹는 음식이다. 그래서 음식을 대하는 태도와 화장품을 대하는 태도가 크게 다르지 않다. 화장품을 만드는 과정도 음식을 만드는 과정과 비슷하다. 화장품에 들어갈 재료들을 계절과 피부 상태에 따라 선택한다. 음식에 메인 메뉴가 있듯이 식물에서 유래한 '오일'과 '워터'가 주 재료가 되고, 다양한 기능으로 피부 건강에 도움을 주는 식물추출물들, 비타민류, 식물 유래 계면활성제와 유화제 등이 반찬이 된다. 물론 이렇게 손으로 만들면 음식과 마찬가지로 사용할 수 있는 기간이 짧아 반드시 냉장고에 보관해서 신선하게 사용해야 한다. 합성방부제나 합성산화방지제 등을 넣지 않기 때문이다. 천연한방보존제를 사용하지 않는 경우에는 1주일 이내에 사용해야 한다. 보통은 한 달 정도 사용할 분량의 화장품을 만든다.

피부 음식을 만드는 날은 나 스스로 파티를 여는 날이다. 파티 전날 화장품 포뮬러formula(공식이나 화학실을 의미하는 용어로, 특정 화장품 제조를 위한 재료와 조합 방법을 의미한다. 요리로 치면 레시피와 유사하다)를 짠다. 이번에는 어디에 초점을 맞출까? 식물 재료의 배합, 오일·꽃·허브·워터의 배합, 그리고 에센셜오일의 블렌딩(에센셜오일은 한 종류를 사용하는 것보다 여러 종류를 함께 사용하면 더 효과가 크다)을 고민한다. 자주 사용하는 허브는 앞마당과 옥상 텃밭에서 키운 라벤더, 로즈마리, 페퍼민트, 박하, 바질, 타임, 세이지, 레몬밤, 딜, 메리골드, 당귀 등의 식물이다. 이 다양한 허브들은 음식에도 넣고 화장품 재료로도 사용한다. 이렇게 꽃·허브·과일을 식물성 오일, 식물성 에탄올, 식초, 식물성 글리세린 등에 푹 담가 화장품 기본 재료들을 만든다. 또 약재시장에 가서 피부에 도움을 주는 다양한 한방 약초들을 목적에 맞게 구입하기도 한다. 이 약초들에 몇 가지 식물성 오일을 섞어 오랜 시간 천천히 달여 화장품 기본 오일로 쓰고, 한방 증류수와 추출물도 만들어 사용한다. 집에서 막걸리나 백화주를 만들 때 나오는 술지게미, 알코올을 날려 버린 맥주와 와인, 맥주 효모, 믿을 만한 원료업체로부터 구입한 발효추출물 등도 사용한다. 마치 우리 음식의 기본이자 핵심인 고추장·된장·간장 '장' 삼총사를 만들어 놓는 것과 같다. 비누에 고운 색깔을 담고 효과를 높이기 위해서는 집에서 키운 허브, 히비스커스, 장미 등을 말려 만든 가루, 호박·고구마·치자·쑥 등 색이 고운 채소와 꽃, 약재 가루를 넣는다.

이렇게 나의 화장품은 텃밭에서 시작해서 화장대로 이어진다. 키우는 알로에 베라를 사용해 얼굴용 기초 화장품 만드는 과정을 예로 들어보자. 우선 테이블을 식물성 에탄올로 소독하고 자외선 소독기에서 필요한 도구들을 꺼내 놓는다. 5·30·120밀리미터 용량의 유리 비커와 유리 화장품 용기, 저울, 스패출러spatula 주걱 모양의 기구. 주로 반죽을 섞거나 화장품 따위를 조금씩 덜어 내는 데 사용한다, 화장품 믹싱용 블렌더, 식물의 추출물, 꽃과 허브로 만든 워터, 햇빛이 잘 드는 곳에 놓고 우린 허브오일, 토코페롤, 천연한방보존제, 100퍼센트 순수 에센셜오일, 그리고 알로에 베라에서 떠낸 겔이 주 재료다. 이렇게 스튜디오의 테이블은 내추럴 화장품 실험실lab이 된다. 특별히 더 필요한 건 없다. 단순한 공식이 기적을 만든다.

비건화장 DIY 워크숍 수강생이었던 캐나다 교포 친구가 〈개구쟁이 스머프〉에 나오는 연금술사 '가가멜'이 커다란 솥에서 무언가를 만드는 이미지를 보내 온 적이 있다. 배운 레시피를 따라 화장품을 만드는 그녀를 보고 남편이 '가가멜' 같다고 놀렸다고 한다. 가끔 냉장고에 가득 차 있는 화상품 재료들과 말린 허브, 허브오일과 식초가 담긴 유리병들을 배경으로 레인지 위에 비이커를 올려놓고 가열하며 유리막대로 휘젓고 있는 내가 현대판 마녀 같다는 생각을 하곤 한다. 나는 손수 화장품을 만드는 '랩걸'이라고 부르고 싶다.

손으로 화장품을 만드는 과정은 '슬로'하다. 후다닥 만들어지는 건 없다. 정성을 담아 손으로 젖고 또 저으며 만드는 기다림의 미학이다. 손으로 하는 작업에는 단순히 어떤 물건을 만드는 과정 그 이상의 의미가 있다. 손으로 만드는 물건에는 만드는 사람의 마음이 깃든다. 수작업을 하면서 나는 나 자신에게 배운다. 여러 자연의 재료들을 다루면서 손으로 느끼고, 눈으로 즐기고, 코로 향기를 맡는다. 마음이 만드는 이 모든 과정 그 자체가 '힐링'이다. 특히 마지막 터치로 블렌딩한 에센셜오일 방울을 똑똑 떨어트리는 순간, 아름다운 향의 마술이 일어난다.

화장은 식물성 오일들과 허브 가루로 만든 수제비누를 사용해 얼굴을 씻어 내는 세안부터 시작한다. 내 손으로 직접 만든 화장품을 매번 얼굴과 몸에 바를 때마다 피부가 식물을 마시는 것 같은 느낌이 든다. 나는 탐미주의자다. 이 모든 것의 시작은 오감을 즐겁게 하는 아름다운 것들을 추구하려는 나의 욕구에서 시작된 것이 분명하다. 내가 탐했던 아름다움은 영화, 미술, 건축물, 음악, 패션, 트렌드, 산해진미들 그리고 아름다운 남자다. 최근 몇 년간 내 안에서 일어난 변화와 함께 그 탐미의 대상과 수위가 변화되어 여기까지 왔다. 나의 관심이 자연으로 향하고, 머리를 숙이고 시선을 땅으로 돌리기 시작하면서, 그리고 거기서 피어난 새싹의 성장을 지켜보고 나를 마주하기 시작하면서부터 미의 기준과 대상이 바뀌었다. 내가 탐했던 것들이 더 이상 나를 즐겁게 할 수 없다는 사실을 알게 된 것이다. 인공적인 것이 아닌 자연적인 것을 추구하게 되었다는 의미다. 예컨대 음식은 조미료가 첨가되지 않은 자연 본연의 맛, 음악은 물 흐르는 소리, 빗소리, 바람에 흔들리는 나무들이 서로 어울려 내는 소리, 새들의 노래 소리 등 자연에서 들을 수 있는 다양한 소리에 귀 기울이게 되었다.

갖가지 형태의 나무와 풀, 물결치는 바다, 사계절을 품은 산의 능선, 돌과 바위, 태양과 달의 빛, 무지개 등 자연이 만들어 낸 작품들의 아름다움은 말로 표현하기 힘들다. 사람도 잔머리 굴리지 않고 자연스럽고 솔직하고 담백하며 자유롭고 야성적인 사람이 좋아졌다. 여자든 남자든 하얀 도자기 같은 얼굴 말고 해풍에 그을린 듯한 가무잡잡한 피부에 자연스럽게 주름진 얼굴과 큼직한 미소를 가진, 건강하고 다부진 몸을 가진 사람이 예쁘게 느껴진다. 그렇게 삶의 많은 부분에서 변화가 나타났다. 특히 나는 식물이 품고 있는 다양한 색과 향, 그리고 거기에 더해 위대한 자연의학과 식물과학의 지식을 접하면서 더 깊게 식물에 매료되었다. 그러다 보니 인간이 만들어 낸 그 어떤 것도 이 아름다움에 비할 수가 없다고 생각하게 되었다.

대학원 수업 과제 발표를 할 때 식물 재료만을 강조하는 나에게 누군가 왜 식물만 추구하는지, 천연을 고집한다면 동물에서 나온 재료들이 인간의 피부에 더 맞지 않느냐고 질문했다. 물론 식물·동물·광물에서 나온 추출물 모두 천연이지만 나는 식물이 너무 좋고, 이 아름다운 식물이 제공하는 재료들로만 음식처럼 만들어 쓰고 싶다. 굳이 살아 있는 동물을 희생시켜 화장품에까지 담아서 쓰고 싶지는 않다.

어쩌면 나의 꿈은 예술가인지도 모르겠다. 하지만 내가 만든 창작물은 개인적인 욕구의 분출과 장식적인 아름다움을 추구하는 것에서 그치지 않고 실생활에서 매일 사용되며, 사용하는 이의 몸과 마음 건강에 도움을 주고, 사용 후에는 자연에 최소한의 흔적만 남기고 모두 생분해되어 사라지는 예술이다. 그것이 내가 만들고 싶은 화장품이다.

2019년 12월, 동네 친구들 몇 명만 초대해 비비엘하우스 스튜디오의 첫 오픈 하우스 파티를 조촐하게 열었다. 저녁을 함께 먹은 후 음식을 치우고 그 식탁 테이블 위에서 준비한 식물 재료들로 쉽게 만들 수 있는 겔 형태의 얼굴용 크림을 만들었다. 참석자들에게 미리 집에서 다 사용한 크림의 유리 용기를 잘 씻어서 가져오라고 했고, 그들은 함께 만든 크림을 각자의 용기에 즐겁게 담아 갔다.

1950~60년대의 영국 영화에서는 노동자 계급의 부엌을 내러티브의 주요 공간으로 삼았는데, 이것을 키친-싱크 리얼리즘kitchen-sink realism이라고 한다. 텃밭에서 키친테이블로 연결되는 음식 같은 화장품을 만드는 과정, 그리고 그 시간 그 자리에 모인 사람들과 각자의 사는 이야기를 나누는 교감의 시간. 비비엘하우스의 키친테이블 리얼리즘이다.

허브, 먹어서 좋은 건 피부에도 좋다!

허브에 관심을 갖게 된 건 한 권의 책 때문이다. 수년 전 아트페스티벌에 참석하기 위해 영국 옥스퍼드로 출장을 갔다. 그 행사는 고풍스럽고 아름다운 도시와 자연을 배경으로 3주 동안 연극·음악·무용·역사·미술 등 다양한 형태의 예술을 경험할 수 있는 흥미로운 지역 축제였다. 거기서 농장을 운영하고 있는 어떤 화가 부부의 집에서 열리는 티타임에 초대되었다. 거실에 앉아 있는데 테이블 한쪽에 놓여 있는 《Herbs》라는 제목의 작은 책이 눈에 들어왔다. 표지에 토마토소스가 묻어 있는, 꽤 손때가 묻어 있는 책으로, 책 안에 허브 세밀화가 그려져 있었다. 이 허브 사전을 한참을 뒤적거리고 있었더니 주인장이 자신이 옆에 두고 자주 보는 책이라고 하며 돌아갈 때 그 책을 선물로 주었다. 내게 더 필요할 것 같다고 하면서. 사실 일 때문에 갔지만 축제 기간에 초대받아 방문했던 여러 예술가들의 자연친화적인 집과 집마다 어김없이 있었던 아름다운 정원들, 그리고 일상에서 식물을 가꾸고 돌보며 사는 것을 당연하게 생각하는 그들의 라이프스타일에 더 마음이 갔다. 만났던 예술가들은 자신의 정원을 자랑스럽게 생각하고 있었고, 방문한 나에게 꼭 정원과 거기서 키우는 식물을 보여 주고 싶어 했다. 집 곳곳은 정원에서 막 가져온 꽃과 허브로 장식되어 있었고, 손님에게는 키우는 허브로 우려 낸 차를 대접했다. 근처의 작은 수공예품 가게에는 그 지역에서 나는 허브로 만든 다양한 차, 꿀, 허브 파우더, 허브로 만든 소품과 화장품 그리고 영국의 대표적 에센셜오일인 '라반딘'이 있었다. 정원의 나라로 불리는 이유가 있었다. 자연 그리고 식물과 함께하는 그들의 일상이 그 책과 함께 나에게 깊게 각인되었다.

'허브'의 어원은 라틴어 'herba(푸른 풀, 향이 있는 식물)'다. 기원전 4세기경 그리스 학자인 데오파라스투스Theoparatus가 식물을 분류하는 과정에서 초본식물을 허브라고 지칭하면서 처음 사용했다고 알려져 있다. 허브의 사전적 의미는 "식품, 향료 그리고 약용으로 사용하는 모든 식물"을 말한다. 우리 밥상에서 보는 마늘·생강·쑥·파·고추 등도 허브로, 그 종류는 약 2500종 이상이라고 한다.

허브는 인류의 시작과 함께 사용된 가장 오래된 약이다. 약 6만 년 전의 것으로 추정되는 매장지의 한 무덤에서 발견된 열네 종류의 식물에는 최소 열한 가지의 약리적인 효능이 있는 것으로 조사되었다. 그 오랜 경험으로 습득한 허브의 효과와 사용법은 입에서 입으로 여러 세대에 이어졌을 것이고, 역사적 기록으로도 남았다. 중국과 바빌로니아가 기원전 5000년경부터 허브를 사용했으며, 고대 이집트에서는 미라를 만들 때에도 사용했다고 하며, 파피루스와 메소포타미아의 고대 의서에는 허브 치료와 효능에 관한 기록이 남아 있다. 약학대학의 '디오스코리데스 선서'로 알려져 있는 1세기 그리스 의사이자 식물학자인 디오스코리데스는 《약물에 대하여 de materia medica》라는 책에 600종의 식물 관련 기록을 남겼다. 현재 허브는 전 세계적으로 약, 음식, 화장품, 장식, 테라피, 정원 등 여러 영역에서 다목적으로 이용되고 있다.

허브는 어느 책의 제목처럼 '위대한 화학자'다. 식물들은 가지고 있는 유기화학물질로 활발히 소통한다. 자연화학이다. 이 물질이 우리의 생리현상에도 관여하고, 여러 물질들이 섞여 시너지 효과를 내기도 하며, 인체에 유익한 영향을 미친다. 1800년대 초에 소염·진통작용에 탁월한 효과가 있는 버드나무 껍질에서 살리신 salicin을 분리하는 데 성공했고, 1899년에 바이엘 사가 특허를 획득해 아스피린 판매가 시작되었다. 중국 전통의약에 근거해 개똥쑥에서 항말라리아 치료제인 아르테미시닌 artemisinin이 개발되었으며, 남미 원주민이 화살독으로 사용했던 큐라레에서 수술할 때 근이완제로 사용되는 아트라큐리움atracurium이 개발되는 등 수많은 식물성 약품들이 되었다. 현재의 약품들은 이렇게 천연소재로부터 얻은 화학 성분에 기초하고 있으며, 여전히 세계 인구의 75퍼센트는 전통적인 식물 약품에 의존하고 있다고 한다. 우리나라에서 자생하거나 재배하는 약용 허브 역시 약 700여 종이나 된다고 한다.

화장품에도 피부 상태 개선에 도움이 되기 위해 각종 식물추출물을 첨가한다. 허브를 비롯한 여러 한약재 추출물, 식물 줄기세포 추출물, 그리고 파이토케미컬phytochemical이 주요 화장품 소재다. 보습, 피부염증 완화, 항산화, 주름 개선, 미백 등 여러 가지 목적을 위해 다양한 식물 소재와 발효 방법 등이 연구되고 있다. 식물은 생존에 직접적인 영향은 없으나 소통·방어·보호를 위해 부가적인 산물인 2차 대사물을 만들어 낸다. 파이토케미컬에는 테르페노이드 화합물, 폴리페놀, 유기황 함유 화합물, 알칼로이드 화합물, 카르테노이드, 사포닌 등이 있고 그 종류가 1만여 종이 넘는다.

파이토케미컬은 그리스어로 '식물phyto'과 '화학물질chemical'의 합성어로 '제7의 영양소' 또는 '파이터fighter 케미컬'이라고도 불린다. 다양한 파이토케미컬은 항산화작용, 면역 강화, 해독작용, 병든 세포 재생 같은 효능이 있어 음식으로 섭취했을 때 건강에 이롭다고 알려져 있으며, 음식뿐만 아니라 이 물질이 함유된 식물추출물을 사용한 화장품은 피부 생리 활성도 돕는다. 지구에서 태양까지 거리는 약 1억5000만킬로미터, 빛의 속도로 가면 8분20초가 걸린다.

식물은 머나먼 태양으로 오는 햇빛을 이용해 광합성을 해서 스스로 생존을 위한 양분을 생산한다. 식물은 오직 햇빛과 공기와 물방울만 가지고 이 기적을 만들어 낸다.

나는 스튜디오 앞마당과 옥상에서 허브를 키운다. 그중에 민트류를 특히 잘 사용하고 있다. 민트류는 쉽게 구할 수 있고 다른 허브들에 비해 키우는 방법이 까다롭지 않다. 쓰임새도 다양하고 피부에 좋은 성분들도 많이 가지고 있다. 바로 딴 신선한 민트류는 따뜻하게 우려 차로 마시기도 한다. 애플민트는 모히토에 가득 넣어 여름에 시원하게 마시고, 샐러드·식초·잼을 만들 때에도 넣는다. 또 민트 칵테일 추출물을 만들어 스킨토너와 로션을 만들기도 하고, 화장품 DIY 클래스와 워크숍에서도 사용한다. 페퍼민트와 스피아민트는 집 안 공기를 상쾌하게 만들고 싶을 때 스프레이로 만들고, 치약을 만들 때에도 넣는다. 민트 식초 린스는 머리를 감은 후 pH를 중화시켜 주고 머릿결을 정돈해 주는 역할을 한다. 허브herb는 허브hub, 중추다!

치유하는 향,
그 이상의 향을 찾아서

'향'하면 몇 가지 기억이 떠오른다. 나의 첫 향수는 까사렐Cacharel이 처음 선보인 향수 '아나이스 아나이스'다. 일 때문에 중동에 몇 년 나가 계셨던 아버지가 고등학교 입학 선물로 보내 주셨던 생애 첫 향수였다. 하얀 바탕에 연분홍 꽃이 그려져 있던 향수 케이스는 내 보물 1호였다. 오랫동안 아껴 가며 특별한 일이 있을 때마다 그 향수를 조금씩 뿌렸다. 이후 향료학 수업에서 향수를 배우면서 이 향수가 플로럴향 계열 중 화이트 플로럴의 대표 주자라는 것을 알게 되었다. 페르시아 사랑의 여신 이름에서 유래한 이국적인 이름의 이 향수는 오렌지 블러섬orange blossoms을 메인으로 재스민과 샌들우드sandalwood 등을 더한 우디한woody(나무 향의) 화이트 플로럴

어코드(향의 조화)가 무척 매력적이다. 지금도 이 계열의 향을 맡으면 그 시절이 떠올라 아련한 감정이 스쳐 간다.

생각하면 즐거운 어린 시절 추억의 향은 바다 냄새와 멍게 냄새다. 남쪽 바다에서 몇 년을 살았는데, 어린 시절 섬 곳곳에서 맡을 수 있었던 멍게 냄새와 풍랑이 치는 거친 파도에서 나는 냄새는 두려움과 동시에 설명할 수 없는 흥분을 느끼게 했다. 행복한 감정을 느끼게 하는 향은 라임, 레몬그라스, 파촐리patchouli(곽향), 시나몬, 프렌지파니frangipani, 일랑일랑ylangylang 그리고 코코넛 향이다. 이 향은 땀이 밴 달짝지근한 살 냄새와 바다, 파도, 우거진 열대우림의 어느 여름 나라 섬으로 나를 인도한다. 이탈리아 토리노에 있는 이집트박물관에서 보았던 고대 이집트 향들의 모노그래프(단일 주제에 관해 쓴 연구서)와 함께 박물관 내부 곳곳에 엷게 깔려 마치 고대 역사를 후각화시킨 듯했던 향들의 향연도 생각난다. 그리고 넓게 펼쳐져 있던 프랑스의 라벤더 밭에서 맡을 수 있었던 그 신선한 냄새와 영국 라반딘lavandin라벤더와 스파이크의 교배종. 라벤더와 비슷한 향이 난다의 향과 온갖 종류의 향신료 냄새가 뒤섞여 있던 전통 향료시장도 빼놓을 수 없다.

향과 관련한 흥미로운 이야깃거리는 많다. 인도에는 신의 궁정에서 연주하는 천상의 음악가이며 향기를 먹고 산다는 반인반신 간다르바가 있다. 간다르바는 향기fragrance라는 뜻이다. 언젠가 TV에서 향문화가 가장 융성했던 고대 이집트를 소개하는 무역로에 관한 흥미로운 다큐멘터리를 본 적이 있다. 그들은 머리에도 고깔 모양의 고체 향수를 쓰고 서서히 녹아내리는 향을 즐겼고, 사후 내세에서도 향수를 사용하고 싶은 마음에 온갖 향유병을 미이라와 함께 매장했다. 당시 사용했던 주재료는 오일, 연꽃, 와인, 꿀, 프랑킨센스유향, 미르몰약 등이다. 성적 매력을 극대화하고 권력 쟁취의 무기로 온갖 종류의 향을 사용했던 클레오파트라가 가장 사랑했다는 '키피' 향수 제조법은 이집트 신전 벽화에 상형문자로 기록되어 있다. 로마시대의 네로 황제는 죽은 아내의 장례식을 위해 10년 치 향료를 한꺼번에 태웠다고 하며, 최초의 알코올 향수로 알려진 헝가리 워터 또는 로즈메리 스피릿은 14세기에 헝가리의 엘리자베스 여왕이 만들어 애용했다고 한다. 여왕은 72세의 나이에 폴란드의 젊은 국왕에게 청혼을 받았다는 일화도 전해진다. 한편, 어떠한 종교를 막론하고 향은 신에게 바쳐졌다. 그 행위에는 신과 만나고 싶은 인간의 간절한 소망이 담겨 있다.

우리는 후각기관을 이용해 향을 맡는다. 후각은 매우 주관적이고 개인마다 그 차이가 크다. 속해 있는 문화, 개인의 경험과 기억, 감정상태에 따라 다르게 느껴지고 표현된다. 대뇌 변연계는 감정과 행동을 관할하는데, '후각뇌'라고도 불린다. 냄새나 향은 감정을 흔들어 놓을 수 있다. 인정하고 싶지는 않지만 우리 삶의 많은 부분이 이성보다는 감정으로 움직인다. 우리가 머무는 공간에 어떤 분위기를 연출하고 그 공간에 색을 부여하고 싶을 때도 향은 중요한 역할을 한다. 화장품을 선택할 때도 향으로 결정하는 경우가 많다. 동네 지인은 슬픔에 빠져 있을 때에는 어떤 향도 맡아지지 않았는데, 다시 심신이 회복되면서 음식이 아닌 좋은 향을 맡으며 행복을 다시 느끼고 싶었다고 말했다.

영화 〈기생충〉에서는 냄새로 부자와 가난한 자가 구분된다. 계급이 냄새를 매개로 표현된 것이다. "절대 선을 안 넘거든. 그건 좋아. 그런데 냄새가 선을 넘지, 냄새가." 대사 속 보이지 않는 선, 냄새는 숨겨진 언어다. 참으로 상징적이다. 이렇게 후각은 묘한 감각이라 명확하게 정의 내리기가 힘들다. 아직까지도 후각의 메커니즘은 과학적으로 규명되지 않았다. 공기 중에 떠다니는 화학물질, 즉 냄새에 관한 두 가지 이론이 있다. 하나는 형태이론이고 다른 하나는 아직까지 과학적으로 인정받지 못했으나 매력적인 진동이론이다. 형태이론은 특정한 냄새는 각각의 다른 분자 형태로 이루어져 있으며, 코의 후각수용체 구조에 따라 마치 열쇠와 자물쇠의 관계처럼 특정 수용체와 반응하는 냄새가 있다는 이론이다. 진동이론은 냄새 분자의 진동으로 냄새를 인식한다는 이론이다. 후각은 훈련으로 학습할 수 있으며 나이가 들면서 감퇴된다. 그리고 후각수용체는 코뿐만 아니라 근육과 정자의 표면에서도 발견된다. 아직도 연구할 여지가 많은 분야다.

식물에는 향과 관련해 치유의 영역이 있다. 산림욕을 하면서 맡게 되는 피톤치드는 식물들이 뿜어내는 휘발성 유기화합물을 말한다.

'식물'을 뜻하는 피톤phyton과 '죽이다'를 의미하는 치드cide의 합성어로, 향을 만들어 내는 식물의 언어라 불리는 '테르펜'이 주성분이다. 그리고 향기요법이라 불리는 아로마테라피는 식물의 여러 부위에서 다양한 추출법을 적용해 추출한 에센셜오일로부터 생리적·약리학적 효과를 얻는 자연의학이다. 아로마콜로지aromachology는 아로마aroma 향와 사이콜로지psychology 심리학의 합성어로 천연의 향뿐만 아니라 합성 향과 조합한 향을 포함한 모든 향이 인간의 행동에 미치는 영향과 감정, 심리적 효과를 설명하는 분야다. 향기를 이용한 치료가 세로토닌, 아드레날린, 엔도르핀 등 신경전달물질을 분비하게 해 정신작용에 관여한다는 과학적 근거는 여러 연구에서 확인되었고 더 이상 낯선 접근이 아니다.

아로마테라피aromatherapy는 아로마aroma와 테라피therapy의 합성어로 테라피 등급의 100퍼센트 순수 에센셜오일을 사용하는 자연요법이며, 보완 대체의학 중 하나로 간주된다. 아로마테라피에는 섞음질을 한 불순한 오일이나 합성 향을 사용해서는 안 된다. 아로마테라피는 에센셜오일 테라피다. 내가 진행하는 아로마테라피 워크숍에서는 오롯이 향에만 집중하기 위해 후각노트를 작성하는 시간을 갖는다. 처음 맡을 수 있는 향(톱 노트), 그 다음에 따라오는 향(미들 노트) 그리고 마지막에 남는 잔향(베이스 노트)이 어떻게 느껴지는지, 어떤 이미지가 떠오르는지, 각 에센셜오일의 향을 나만의 언어를 사용해 표현하는 시간을 갖는다. 이 시간은 오랫동안 잊고 있었던 사진첩을 우연히 서랍 안 또는 책꽂이에서 발견하고 먼지를 털어 내며 한 장 한 장 보는 것과 같다. 누군가에게는 고이 품고 있던 기억이 소환되는 시간이 되기도 하고, 후각을 넘어 향을 시각화할 수 있는 과정으로까지 이어질 때도 있다.

비비엘하우스의 아로마테라피 워크숍에 참여했던 대학원 동기인 S에게 향은 잊고 있었던 강원도 홍천 시골에서 보냈던 어린 시절의 추억 한 조각을 소환하게 한 매개체였다. 후각으로 어떤 이미지를 연상할 수 있는, 즉 향을 '볼 수 있는' 감성을 지니고 있는 그는 각 에센셜오일의 향을 시각적으로 표현했다. 쥬니퍼베리는 비 맞은 가을 갈색 솔잎에서 나는 향과 송이버섯을 채취하는 상황을 떠오르게 하고, 사이프러스는 다락방의 향과 장작불이 재가 되기 전의 모습을 상상하게 하며, 깊은 향이 나는 미르·프랑킨센스·샌달우드·시더우드 에센셜오일을 다루는 수업 후에는 고대 어딘가로 떠나 긴 시간여행을 한 듯한 기분이 들었다고 했다.

Y에게 메이창 에센셜오일은 1970년대 중반 아버지의 직장 발령으로 온 가족이 비엔나로 가던 중 기내에서 받았던 물티슈의 향을 떠올리게 했고, 그 냄새는 당시 일곱 살이었던 그와 두 동생들의 어린 시절로 이끌어 주었다. 50대 후반의 영국인 R에게 파촐리 에센셜오일은 가죽 재킷·데님과 뒤엉켜 나던 향, 모터사이클 폭주족, 헤비메탈 음악과 함께 그의 열여덟 살을 떠오르게 했다. 실제로 파촐리는 마리화나의 타르 향을 감추기 위해 사용되면서 히피문화를

상징하는 향이기도 하다.

1986년생인 H에게 파촐리는 할아버지가 늘 드셨던 은단 향을 떠올리게 했다. 계속 맡으면 눈물이 날 것 같다고도 했다. 이렇게 추억은 그리움으로 이어지고 짧고 조용한 치유의 시간이 따라온다. 마치 프로스트의 《잃어버린 시간을 찾아서》의 재현이라고나 할까. 그러나 대부분의 사람들에게 냄새를 맡으며 일어난 연상작용이 언어로 표현되는 일까지 이어지기란 쉽지 않다. 그것은 개인이 지닌 언어 능력의 차이 때문만은 아니다. 냄새를 맡았을 때 자동적으로 일어나는 연상 작용 과정은 냄새를 맡는 자가 경험한 경험치의 스펙트럼에 영향을 받는다. 경험이 다양할수록 다양한 연상이 일어난다. 현대의 환경에서는 후각에 의지하지 않아도 생존할 수 있다. 어쩌면 우리는 우리에게 더 이상 필요하지 않은 '야성'이 사라지면서 상상력의 결핍이라는 대가를 치르고 있는 것인지도 모른다.

당신 인생에 결정적이었던 향이 있는가? 어떤 향인지 궁금하다.

심오한
'식물지능 botanical intelligence'의 세계

에센셜오일

내가 이 분야에 본격적으로 뛰어 들고, 끝나지 않을 공부를 시작하고, 새로운 꿈을 꾸고, 깊게 빠져 헤어 나오지 못하게 된 것은 순전히 마술 같은 에센셜오일 한 방울 때문이다. 에센셜오일은 내 삶의 중요한 부분이자 가장 아름다운 친구가 되었다. 각종 에센셜오일을 펼쳐놓고 작업하는 시간은 그 무엇과도 비교할 수 없는 향기롭고 충만한 시간이다.

에센셜오일은 방향성 식물의 꽃·뿌리·잎·껍질 등에서 다양한 방법을 적용해 추출해 내는 고농도의 식물성 오일을 의미한다. 정유精油 또는 방향유라고도 불린다. 올리브오일이나 코코넛오일 등은 일반

식물성 오일로 에센셜오일과는 다르다. 모든 생명체의 생명 과정은 화학반응으로 가능하다. 움직일 수 없는 식물은 생존과 번식 그리고 외부 환경으로부터 자신을 방어하기 위해 수십 개에서 수백 개의 유기화학물질로 구성되어 있는 식물 에센스를 만들어 낸다. 그것이 에센셜오일이다. 아로마테라피는 에센셜오일의 유기화학적 구성 성분에 근거한 치료 또는 처치treatment이자 과학으로, 모든 에센셜오일은 항박테리아·항바이러스·항균작용을 한다. 이 식물의학을 단순히 향기요법으로 부르기에는 뭔가 부족하고 가벼운 감이 있다. 아로마테라피는 단순히 좋은 향기로 기분을 좋게 해 주는 것에만 머무르지 않기 때문이다.

아로마테라피의 역사는 문명의 역사와 함께한다. 인류는 약용의 목적으로 방향식물의 즙을 내어 바르거나 훈향燻香, 태워서 향기를 내는 향료을 만들었으며, 고대 중국과 이집트에 이와 관련한 기록들이 남아 있다. 특히 고대 이집트에서는 미용·의료·종교행사 등의 목적으로 방향식물을 다양하게 사용했다. 11세기 초 페르시아제국의 철학자이자 의학자였던 아랍의 천재 이븐 시나가 정유를 정제하기 위한 목적으로 증류기끓는점의 차이를 이용하여 혼합 액체를 증류시켜 성분이 비교적 순수한 것을 얻는 장치를 만들면서 현재의 아로마테라피가 시작되었다고 한다. '아로마테라피'라는 용어는 1928년 프랑스의 화학자인 가테포세가 처음 사용했는데, 20세기가 되어서야 에센셜오일의 분자구조와 화학 구성성분이 연구되면서 과학적으로 그 약리적 효과가 입증되기 시작했다. 에센셜오일 성분은 식물에서 추출되기 전 상태와 비교했을 때 70~100배 정도 농축되어 있어 인체에 작용하는 힘이 크다. 그래서 제대로 자격을 갖춘 전문 아로마테라피스트와 상담을 한 후에 사용하는 것이 좋다. 에센셜오일 한 방울에는 식물과학이 농축되어 있다.

현재의 아로마테라피에는 크게 프랑스계와 영국계, 이렇게 두 개의 흐름이 있다. 프랑스계 아로마테라피는 의사의 처방으로 에센셜오일을 내복하는 등 의료 분야에서 활용되고 있는 메디컬 아로마테라피이고, 영국은 전문가인 아로마테라피 프렉티셔너practitioner의 주도 하에 심신의 안정이나 스킨케어 등에 활용되고 있다. 에센셜오일은 분자가 아주 작고 지용성이라 인체 조직 속으로 쉽게 침투할 수 있기 때문에 치유 효과가 높다. 에센셜오일은 후각 뿐만 아니라 호흡기와 피부에서도 흡수할 수 있어 우리 몸의 저항력과 활력을 증진시킨다. 엔도르핀과 아드레날린 같은 신경전달물질을 분비하게 하고, 세포막을 통과해 세포에 영향을 미쳐 면역 기능을 높이며, 몸의 각 기관들의 기능 향상과 치유력을 높이고, 피부에 적용했을 때 소독과 피부상태 개선, 세포 재생을 돕는 등 다양한 효과가 있다. 최근에는 암을 비롯한 여러 질병의 보조 치료요법으로도 사용되고 있으며, 그 약리적 효과는 계속 연구되고 있다.

아로마테라피 등 식물을 활용한 식물의학을 '대체'를 빼고 '자연의학 또는 전통의학'으로 구분해 부르는 것이 합당하다고 생각한다.

근대의학이 발달하기 전인 100여 년 전에 인류는 자연치료법으로 건강을 지키며 살아왔다. 왜 '대체'라는 표현을 써서 그 가치를 떨어뜨리고 그것을 당연하게 생각하는 것일까? 불과 100여 년 전부터 시작된 지금의 현대의학이 인류 문명의 시작부터 함께하며 인류가 멸종되지 않고 유지될 수 있도록 해 준 다양한 식물의학을 요법이나 대체의학이라고 부르는 것은 오만한 일이다.

테라피의 주 목적은 결국 '힐링healing(치유)'이다. 힐링은 고대 영어 haelan에서 비롯된 말로 단순히 '치료하다'라는 뜻이 아니라 '전체whole을 만든다'라는 의미까지 포함하고 있다. 건강 'health'도 같은 어원에서 유래한다. 건강의 정의에는 몸의 각 기관들의 조화와 함께 정신의 건강이 중요하며, 모든 것이 유기적으로 연결되어 있다는 의미까지 포함되어 있다. 그래서 문제가 있는 부분의 치료가 아닌 전인적 접근의 치료가 필요하다. 아로마테라피는 '느린' 힐링을 추구한다.

화장품에서 에센셜오일은 향료로 구분된다. 현재 향료의 종류는 약 1000가지에 달하는데, 300여 개 정도가 천연이고 나머지는 합성향료다. 조향은 천연향과 합성향을 섞어 만든다. 19세기 유기화학의 발전으로 다양한 종류의 합성향료가 만들어졌으며, 합성향료는 석유·콜타르·정유·유지 등을 화학적으로 합성한 것이다. 우리나라 화장 관련 법은 알레르기가 있는 소비자들의 안전을 위해 화장품 전성분 표시 외에 알레르기를 유발하는 향료의 성분에 관한 정보를 별도로 표시하도록 하고 있다. 에센셜오일을 비롯한 향료를 사용하기 전에는 패치테스트(사용 전 피부에 미치는 자극성을 시험하기 위한 테스트로 화장품·알레르기·염모제 등을 위한 패치테스트가 있다)를 실시해 피부에 문제가 없는지 여부를 체크해야 한다.

개인적으로 화장품에서 포기할 수 없는 것이 바로 이 천연향료다. 나는 테라피급의 에센셜오일을 쓰거나 아니면 아예 무향으로 만든다. 에센셜오일은 전량 해외 수입이며 고가이고 표준화하기 힘들기 때문에 일반 화장품에 사용하기가 쉽지 않다. 토양이나 기후 등의 이유로 한국에서는 이러한 에센셜오일을 추출할 수 있는 식물들을 재배하기가 힘든 상황이지만, 최근 한국 자생식물에서 추출한 한국형 에센셜오일 개발 연구가 활발히 진행되고 있다고 한다. 반가운 소식이다. 다양한 종류의 국내산 고품질 에센셜오일들을 빨리 만날 수 있었으면 좋겠다.

지극히 사적인 생각이지만 에센셜오일은 40대부터 지금까지 잘 살아온 자신에게 주는 선물로 또는 피부 문제나 건강상의 문제가 있는 경우에만 사용하면 좋겠다. 향료의 수요가 높아지면서 무분별한 벌채가 이루어지고 있고 일부 식물은 멸종 위기에 처해 있다. 또 돈이 되는 단일 종의 작물만 재배하게 되어 이와 관련한 생태계 문제도 지구 곳곳에서 벌어지고 있다. 식물의 다양성은 지구 환경 보존을 위해서도 마땅히 지켜야 하는 것이지만, 우리 다음 세대도 그 다음 세대도 '다양한' 아름다움을 누려야 하지 않겠나.

식물성 오일

식물성 오일은 탄소·수소·산소로 구성된 지방산으로 이루어져 있다. 지방산은 우리 생체 내의 에너지원으로 세포막을 구성하는 인지질의 중요한 구성 성분이다. 식물의 지방산은 인체에 유익한 올레산·리놀레산·리놀렌산 같은 불포화지방산이 대부분이며, 이외에도 다양한 비타민과 미네랄 등의 영양성분을 지니고 있다. 식물의 지방산은 피부에 잘 흡수되어 피부에 영양을 공급하는 한편, 피부의 수분 증발을 막아 보습을 유지해 주고 피부를 유연하게 만들어 주는 데도 탁월하다. 화장품을 제조할 때 유성원료 중 하나로 사용된다.

식물성 오일에는 올리브오일, 해바라기씨오일, 포도씨오일, 스위트아몬드오일, 살구씨오일, 아보카도오일, 마카다미아오일, 로즈힙오일 등이 있다. 액상의 유성성분인 오일 이외에도 시어버터, 코코아버터 같은 식물성 버터와 호호바오일(액상이지만 왁스로 분류된다), 칸데릴라, 카르나우바 같은 왁스 종류도 있어서 각 식물성 오일들이 지니고 있는 특성들을 파악해 피부의 상태에 따라 식물성 오일을 단독 또는 배합해서 사용할 수 있다.

아로마테라피에서는 고농축 에센셜오일을 식물성 오일에 희석해 베이스오일, 캐리어오일 carrier oil, 픽스드오일 fixed oil이라 부르며 사용한다. 식물 담금오일도 있다. 인퓨즈드오일 infused oil이라고 부르는 온침유 또는 약유로 호호바오일, 올리브오일, 스위트아몬드오일 등의 식물성 오일에 허브류를 일정 기간 담그거나 중탕해서 유효 성분을 우려내 만든다. 아니카오일, 칼렌둘라오일, 세인트존스워트오일 등이 있으며 우리나라에서는 자초뿌리로 우린 오일과 당귀, 감초, 작약, 황금 등의 한방 소재를 넣고 우려 만드는 자운고오일 등이 있다. 가정에서도 장미나 캐모마일, 한약재 등 다양한 식물을 넣고 우려 담금오일을 만들 수 있다. 표피에 필수지방산이 부족할 때 일어날 수 있는 각질층 보호기능 약화나 각화현상 과정에서 발생하는 트러블에도 식물성 오일은 큰 역할을 한다.

하이드로랏hydrolat과 허브 증류수

하이드로랏은 라틴어로 물을 뜻하는 하이드로hydro와 프랑스어로 우유를 뜻하는 레lait에서 유래한 랏lat이 결합한 단어로 '우윳빛 물'이라고 할 수 있다. 증류 추출법을 적용해 방향식물에서 에센셜오일을 추출하는 과정에서 생성되는 부산물인데, 에센셜오일이 이 식물 워터에 용해되어 있는 색깔이 우윳빛 같다고 해서 그렇게 이름 붙었다고 한다. 이 워터에는 식물이 본래 가지고 있는 수용성 약리 성분과 에센셜오일의 수용성 성분이 함께 들어 있어 향을 유지하고 있기 때문에 식물과 에센셜오일의 혜택을 함께 누릴 수 있다.
1리터의 하이드로랏에는 0.05~0.2밀리리터의 에센셜오일이 함유되어 있다. 하이드로졸·플로럴 워터·플라워 워터라고도 부르는데, 꽃

뿐만 아니라 뿌리·가지·잎·과일·씨 등 다양한 식물의 부위에서 만들어지기 때문에 아로마테라피에서는 더 이상 플로럴·플라워 워터라고 부르지 않는다. 하이드로랏을 구입하고 싶다면 구입할 때 플로럴·플라워 워터로 표시되어 있는 경우 하이드로랏인지 여부를 확인하는 것이 좋다. 이 놀라운 물은 pH가 문제가 없다면 다른 성분을 넣지 않고도 그 자체로 스킨토너로 사용하기에 충분하다. 나는 화장품을 만들 때 로즈오토rose otto 하이드로랏, 라벤더 하이드로랏, 로즈메리 하이드로랏 등을 개별로 사용하거나 몇 개의 하이드로랏을 섞어 사용하기도 하고, 증류기를 이용해 만든 약용 허브 증류수를 스킨토너·로션·크림 등을 만들 때 사용하기도 한다. 지구의 나이는 45억년. 식물은 지구의 총 역사 중 35억년 동안 수많은 변화를 겪으며 진화해 왔다. 그 오랜 시간 동안 만들어진 식물의 지능과 역사가 오롯이 이 허브, 에센셜오일, 식물성 오일, 하이드로랏 또는 약용 허브 증류수를 넣어서 만든 이 한 병에 담겨 있다. 무엇이 더 필요하겠는가?

국가건강정보포털health.cdc.go.kr을 보다가 생활 속의 다중화학물질 과민증MCS이라는 증상을 알게 되었다. 일상생활에서 흔하게 사용되는 낮은 농도의 화학물질(세제, 담배 연기, 살충제, 화장품, 자동차 배출가스, 헤어숍에서 사용하는 화학물질 등)에 노출되어 불편한 느낌이나 안 좋은 증상이 나타나는 비특이적인 증후군이다. 만성피로증후군, 섬유근통, 알레르기질환과 증세가 비슷하며 피부 증세로는 발진, 두드러기, 피부 건조가 나타난다. 정확히 나에게 해당되는 내용이었다. 그래서 '살기 위해' 이렇게 식물에 빠져서 살고 있는 것 같다. 혹시 이런 증세가 있다면 당신도 다중화학물질과민증을 의심해 볼 필요가 있다.

음양오행의 조화를 말하는 한국 전통 비건화장

우리나라에는 한국인의 특성을 나타내는 표현으로 '체면'이라는 단어가 있다. 사전적 의미로는 "남을 대하기에 떳떳한 도리나 얼굴"로 '체면을 차리다', '체면이 서다'. '체면을 유지하다' 등 현재도 자주 쓰고 있는 표현이다. 여기에서 남을 대하기에 떳떳한 얼굴은 도대체 어떤 얼굴일까? 청결하게 잘 정돈된 얼굴? 어쨌든 남의 눈에 보이는 얼굴을 '도리'와 같은 선상에 둘 정도로 중요하게 생각한 것은 분명하다.

우리 선조들이 '미'와 '화장'을 어떻게 생각했는지는 오랜 의학서 등에서 엿볼 수 있는데, 대체로 전통 한의학에 기초한 접근을 하고 있다. 이런 의학서에는 우리나라에서 가장 오래된 한의서인 고려 고종 때에 간행된 《향약구급방》, 조선시대 의학서인 《동의보감》, 《의방유취》, 《향약집성방》 그리고 일종의 가정생활백서인 《산림경제》 등이 있다. 옛 사람들은 안면, 즉 얼굴을 음양오행의 조화 속에 오장육부의 건강 상태가 표현되는 곳으로 보았고, 외적인 아름다움과 함께 내적인 정신작용도 함께 활기가 있어야 한다고 보았다. 특히 2009년 유네스코 지정 세계기록유산으로 등재된 《동의보감》에는 피부미용을 위한 외용 처방과 내복약 제조 방법, 마사지 방법, 심리치료 등에 관한 내용이 기록되어 있다.

여기에서 흥미로운 부분은 '향'에 관한 언급이다. 《동의보감》에는 침향과 단향을 피워 얼굴 피부를 관리하는 법, 모향과 영릉향으로 몸에서 향기가 나게 하는 법이 나와 있고, 열 가지 향의 향보, 즉 향의 계보도 있다. 우리 선조들은 단순히 외모만을 관리한 것이 아니다. 일찌감치 육체와 정신의 건강이 별개의 것이 아니라는 사실을 알고 있었다.

한국인은 단연코 아름다움과 화장에 관심이 많은 미의식이 뛰어난 민족이다. 화장은 단군신화의 쑥과 마늘로 시작해(쑥과 마늘은 피부 미백에 사용했던 약초이고, 햇빛을 보지 못하게 했던 건 환웅이 하얀 피부의 여인을 아내로 삼고 싶어 했다는 설이 있다) 5000년의 역사를 지닌 한국의 화장은 2000여 년 전 삼국시대에 크게 발달했다. 삼국시대에는 불교의 부흥과 영육일치 사상 때문에 향·화장품·화장술 등 화장문화와 화장품 기술이 발달했고, 고려시대에는 비단 향낭을 패용해 향수처럼 사용했으며, 난초를 우린 물에 목욕을 해 몸에 향이 나게 했다. 유교사상에 지배받은 조선시대에는 내면과 외면의 아름다움을 함께 추구했다. 피부청결과 옥같이 맑고 하얀 피부, 즉 요즘의 한 듯 안 한 듯한 자연스러운 투명 화장과 검고 풍성한 머리를 추구해야 할 아름다움으로 간주했다. 이는 '살결이 희면 열 허물 가린다'라는 오래된 속담에서도 확인할 수 있다. 당시 사용되었던 화장품을 미루어 봐도 다양한 식물 소재를 사용한 기초화장은 물론 색조화장과 모발화장까지, 그 수준이 지금과 비교해도 기능 면에서 전혀 손색이 없다.

조선시대 사용했던 화장품의 종류와 식물 소재는 흥미롭다. 세안제인 '조두'는 일종의 비누로, 사람들은 콩·팥·녹두를 파우더로 만들어 그 거품으로 세안했다. 스킨토너인 '미안수'는 오이, 수세미, 수박, 익모초, 토마토, 당귀, 창포, 유자 등의 즙으로 만든 것이다. 크림 역할을 한 '면약'은 얼굴에 유분을 주는 기름을 사용했고, 쌀가루와 꿀을 섞은 얼굴용 꿀팩을 만들었으며, 쌀가루 앙금을 말리거나 분꽃 씨를 곱게 맷돌에 갈아 풀솜실로 뽑지 못하는 허드레 고치로 연지첩을 만들어 얼굴에 찍어서 바르기도 했다. 또 송홧가루, 황토, 칡가루, 백합의 붉은 수술가루 등을 넣어 색분을 만들어 사용했고, 지금의 립스틱과 칙 블러시 역할을 하는 '연지'는 홍화꽃을 갈아서 만들었다. 또 아이브로 겸 아이라이너인 '미묵'은 나무 숯이나 꽃잎을 태운 재에 동백기름이나 참기름을 섞거나 황토·조갯가루를 섞어 사용하기도 했다. 모발 관리에는 쑥과 창포, 식물을 짜거나 약재를 우린 기름 등을 사용했다. 또한 지금의 시트 마스크와 비슷한, 약재액이 스며든 종이를 피부에 덮기도 했다. 왕비가 얼굴 파우더로 사용한 진주가루는 또 어떤가. 그야말로 슬로뷰티-비건화장의 원형이 아닌가? 과하지도 않고 넘치는 것이 없다.

옛부터 전해져 온 우리의 화장 관련 풍속을 보면 청결함과 외모 단장을 가볍게 보지 않았다는 것을 알 수 있다. 사람들은 정월초하루와 정월대보름, 단오, 한가위, 추석, 중양절중국에서 유래한 세시 명절의 하나로, 음력 9월 9일이다 등 주요 행사가 있을 때 곱게 화장을 했고, 단옷날에는 창포 삶은 물에 머리를 감고, 정월 상해일에는 조두를 만들어 얼굴을 희게 만들었다고 한다.

'화장'이라는 표현은 일제강점기에 들어와 사용되었으며, 그 전에는 '단장'이라고 했다. 일제강점기 전에는 화장법을 다양한 이름으로 불렀는데, 기초화장은 '담장', 색조화장은 '농장', 짙은 색조화장은 '염장', 혼례에 하는 화장은 '응장'이라고 했다. 이 외에도 화장품을 담은 그릇은 '화장합', 화장품을 비롯해 화장 도구인 거울·족집게·경대 등을 '장렴'이라고 불렀다.

우리의 화장문화를 이야기할 때 빼놓을 수 없는 귀한 서적이 있다. 1809년 조선후기 실사구시實事求是와 이용후생利用厚生을 주요 가치로 삼았던 실학의 독보적인 여성 실학자 빙허각 이씨가 여성을 위해 편찬한 생활백과전서인 《규합총서》가 그것이다. 이 책은 한글로 기록해 여성들이 쉽게 읽을 수 있도록 했으며, 의식주·일상과 관련한 다양한 지식이 담겨 있다. 《규합총서》는 크게 권1은 주식의酒食議: 술과 음식, 권2는 봉임측縫紝則: 바느질과 길쌈, 권3은 산가락山家樂: 시골살림의 즐거움, 권4는 청낭결靑囊訣: 병 다스리기, 권5는 술수략術數略: 여성의 몸가짐과 마음가짐으로 구성되어 있다.

이 책은 피부미용과 관련해 화장품 제조 기술과 화장법을 조금 다루고 있는데, 관련된 식물 재료로는 구기자·도화·홍화·동과·자소(그중 차조기), 괴화 등 여섯 가지 한방 식물이 등장한다. 다양한 연구들은 구기자 추출물이 미백 등 다양한 피부 활성 기능이 있다고 밝히고 있으며, 도화는 항산화작용·멜라닌 생합성 저해·주름 개선에 효과적이라고 말하고 있다. 홍화는 피부노화 방지·미백·주름 개선에 효과적이며, 동과는 항산화작용·주름 개선·미백 활성에 도움을 주며, 자소는 피부 각질세포 보호와 주름 개선, 괴화는 미백·주름 개선에 효능이 있다는 다양한 연구 결과도 있다. 한 마디로 《규합총서》는 놀라운 책이다. 《규합총서》 외에도 조선 후기 화장도구를 의인화한 한문소설인 안정복의 《여용국전》 같은 자료도 있다.

2015년에서 2017년까지 세 차례에 걸쳐 경기도 남양주에서는 조선 21대 임금 영조의 딸이자 사도세자의 친누나인 화협옹주의 묘가 발굴되었다. 발굴된 묘에서는 옹주가 생전에 쓰던 화장용품이 다량 출토되었다. 은은한 빛깔의 작은 청화백자들과 분채(중국 청나라 때부터 백자에 적용한 그림 기법)로 그려진 붉고 노란 풀꽃이 인상적인 어여쁜 백자 안에는 홍화로 만든 연지와 쌀가루로 만든 백분 등 색조화장 내용물이 남아 있었고, 기초화장품으로 미안수, 그리고 밀랍과 유기물을 섞어 만든 지금의 크림 같은 면약과 용기 등이 나왔다. 한편 조사 결과 그 화장품 안에서는 미백 효과가 있지만 독성이 심한 탄산납과 수은도 검출되었으며, 황개미 수천 마리가 들어간 용도를 알 수 없는 용액도 나왔다.

화장품에서 나온 납 성분은 고대 이집트 시대부터 동서양을 막론하고 오랫동안 사용되어 온 것으로, 백분에 첨가해 지속력과 접착력을 높이기 위해 사용했다. 하지만 납으로 만든 하얀 피부는 납중독을 일으켜 결국 죽음으로 대가를 치르게 했다. 진시황이 불로장생약으로 신봉했던 수은은 불과 얼마 전까지도 미백화장품의 원료로 사용되었다. 2013년에도 수입된 중국산 미백화장품에서 다량의 수은이 검출되기도 했다. 예나 지금이나 아름다움과 젊음을 향한 인간의 욕망과 집착은 시대를 막론하고 한결같다. 그것이 잔혹한 대가를 치러야 한다고 해도 말이다.

몇 년 전 간송미술관에서 보았던 조선의 미인도 중 최고의 걸작이라고 칭송되는 신윤복의 '미인도'를 본 적이 있다. 초승달 눈썹, 붉은 입술, 하얀 얼굴, 검고 풍성한 머리 위에 얹은 가체加髢가 인상적인 한 아름다운 기생을 그린 그림이다. 조선시대 이상적인 미인의 전형이다. 하지만 당시 여인들은 이상적인 미인의 전형이 되기 위해, 단아하고 고운 자태를 위해 풍성하고 무거운 가체를 한껏 틀어 올려야 했다. 돈이 많을수록 더 풍성한 가체를 올렸다고 한다. 그리고 그 무게를 견뎌야 했다. 밤마다 끙끙 소리를 내며 힘들었겠다, 싶다. 본인은 불편하지만 남에게 보여 주기 위해 견디는 아름다움은 건강한 아름다움이 아니다. 조선시대 미인상이 요즘의 미인상과 비교해 별로 크게 다르지 않아 보이는 건 나만의 생각일까?

매력적인 세계의 전통 비건화장

슬로뷰티-비건화장의 세계로 더 들어갈수록 각 나라마다 오랜 시간에 걸쳐 대대로 내려 온 민간요법과 화장 풍습, 전통의학에서 다루는 화장에 관한 내용(화장을 바라보는 시각과 여러 피부관리 방법들), 전통 비건화장, 나라마다 자생하는 식물을 소재로 만든 화장품 등이 궁금해졌다. '포크 레머디folk remedy'라 할 수 있는 이 분야는 계속 조사와 연구를 하고 싶은 주제다. 이 책에서는 개인적으로 흥미로웠던 몇 가지만 간단히 소개해 보도록 하겠다.

우선 중국의 전통 중의미용이다. 《황제내경》에서는 "사람과 천지는 서로 응應한다"고 했다. 기원전 2세기 이전에 집필된 고대 중국 전통 의학서인 《황제내경》은 중의학의 근간이자 한의학과 일본·베트

남의 전통의학은 물론 서양의 대체의학의 기원으로 평가받는 책이다. 사람과 자연의 밀접한 관계를 중요하게 여기는 동양 사상이 피부미용에도 적용되기 때문에 음양오행과 경락, 다섯 가지 체질, 기혈진액 등의 중의학을 바탕으로 이야기가 전개된다. '한방화장품 소재학' 수업에서 중의학박사인 교수님은 중의미용에서 말하는 '미'란 외적인 미와 내적인 미가 통일된 '전체적인 미'라고 표현했다. 4000년 이상의 역사를 자랑하는 중의미용은 식이요법, 약물, 침구, 추나, 명상, 향기, 색채, 소리 등을 이용한 다양한 방법을 사용한다. 현존하는 중국의 가장 오래된 전문 본초학서인 《신농본초경》과 명나라 시대의 약초학 연구서인 《본초강목》에는 피부미용에 적용할 수 있는 약재가 많이 기록되어 있다. 또한 남북조시대의 고의서인 《주후비급방》에는 100여 종이 넘는 미용처방이 기록되어 있고, 송대 《태평성혜방》에는 미용질환에 대응하는 980여 가지의 처방이, 《어약원방》에는 궁중에서 처방되던 180여 종의 미용처방이 수록되어 있다. 우리나라 한방화장품의 한방 소재들은 우리나라의 고의학서는 물론이고 중국의 본초학서와 고의서로부터 아이디어를 얻고 원료를 개발한다. 중국의 대표적 미인들 중 춘추시대의 서시는 익모초를 비롯한 한약 재료의 가루를 물에 타서 얼굴에 발랐다고 하며, 양귀비는 피부에 좋은 여러 한약재를 넣은 온천 목욕을 매일 즐기면서 꽃잎화장수와 가지팩을 즐겨 사용했다고 한다.

인도 전통의 자연의학인 아유르베다 Ayurveda 에는 인도 5000년의 지혜와 경험이 담겨 있다. 아유르Ayur는 '삶·생명'을 뜻하고 베다 Veda는 '앎·지식'을 뜻한다. 그래서 아유르베다는 삶 전반에 걸친 지혜 그리고 '생명에 관한 지식', '생활의 과학' 등으로 해석한다. 아유르베다에 의하면 모든 것의 기본 구조는 5대 원소인 공간·공기·불·물·흙으로 이루어져 있고, 이 중 피부는 5대 요소 중 공기와 연결되어 있다. 이 다섯 가지 에너지는 우리 몸에서 세 가지 체질로 나타난다. 이를 '도샤Dosha'라 부르는데, 각각 바타·피타·카파 도샤가 있다. 바타는 우주와 공기, 피타는 불과 물, 카파는 물과 흙의 조화를 의미한다.

이 신화적인 접근은 너무나 매력적이다. 아유르베다에 의하면 도샤는 태어나서 죽을 때까지 변하지 않는 체질로, 우리 인간의 모든 신체적인 특성·성격·질병 등이 이 도샤에 의해 결정되며, 질병은 개인의 체질 불균형이 가져오는 합병증이다. 아유르베다에서는 증기 치료법·오일 마사지·식이요법·정화·운동·요가·명상 등 다양한 요법으로 '몸body·마음mind·영혼soul'의 조화를 위한 방법을 찾는다. 통합적이고 전인적인 접근인 것이다.

아유르베다의 주 재료는 허브로, 독특한 접근 방법이 있다. 여섯 가지 맛의 종류, 스무 가지의 속성·효능·소화·특정 작용을 고려해 허브를 결정하고 조제한다. 체질에 맞게 허브를 결정하고 오일을 활용하는 등 다양한 방식으로 피부관리와 미용에 허브를 이용한다. 이 아유르베다 오일을 이용한 뷰티테라피로는 아비얀가, 우다르타

남 등이 있다. 도샤를 체크하는 가이드라인은 별도의 지침이 있어 관심이 있다면 체크해 보면 흥미로울 것이다.

간단하게 얼굴 피부 상태별로 도샤를 알아보면 이렇다. 피부가 얇고 건조하며 수분이 빠진 듯한 느낌이 든다면 바타 도샤가 지배할 가능성이 높다. 지성이고 피부 염증과 주근깨가 있으며 민감하다면 피타 도샤 지침을 살펴볼 수 있고, 피부가 두껍고 칙칙한 편이며 지성이고 모공이 크다면 카파 도샤가 사용할 수 있는 옵션을 확인하면 된다. 바타의 경우 보습과 영양 공급에 신경을 쓰고, 식물성 오일을 사용해 얼굴과 몸에 셀프 마사지를 수시로 해 주면 좋다. 피타는 민감한 피부라 피부 트러블이 쉽게 생길 수 있어 쿨링 효과와 피부 자극을 완화시켜 주는 식물 재료를 사용한 케어와 제품을 권한다. 카파라면 각질과 디톡스 관리를 해서 피부 노폐물을 제거하는 일에 먼저 신경 쓰도록 하자.

전통 비건화장에서 고대 이집트의 클레오파트라 이야기를 절대 빼놓을 수 없다. 클레오파트라의 피부관리 재료로는 알로에 베라, 헤나, 황토, 아몬드오일, 호호바오일, 꿀, 우유, 발효시킨 과일즙 등이 있다. 클레오파트라는 피부 건조를 막는 크림에 종려기름과 아마기름을 사용했고, 주름살 예방을 위해서는 프랑킨센스, 골풀 열매 등과 과일즙을 발효시켜 만든 크림을 사용했다고 한다. 살구씨·꿀·오이를 혼합하여 바르면서 일종의 박피요법을 시행했고, 세안을 하고 난 후 나일강의 비옥한 점토를 이용해 머드팩을 즐겼다고 하며, 이 때 재스민과 장미로 최음 효과도 주었다고 한다. 이집트의 옛 의학 자료를 살펴보면 피부나 머리카락을 위한 약 800가지 정도의 비법이 기록되어 있다. 화장품 크림의 원료로는 호호바오일, 아몬드오일, 머드, 참기름이나 비즈왁스, 핑크 클레이 등을 사용했다고 한다. 또 건조하고 더운 이집트의 날씨로부터 피부를 보호하기 위해 견과류 기름과 채소(종려나무·올리브·아마·상추), 그리고 다양한 향을 내어 연고를 만들어 피부에 발랐다고도 한다. 현대의 피부관리와 화장이 고대 이집트의 수준에 미치지 못한다고 느껴질 정도로 화려하다.

잘 생긴 남자를 표현할 때 우리는 '그리스 조각 같은 미남'이라는 표현을 쓴다. 고대 그리스 아테네 시대는 조각·그림·문학 등에서 볼 수 있듯이 독특하게도 남성이 더 아름다웠던 시대이다. 이 시대에 아름다운 얼굴과 몸을 유지하기 위해 올리브오일을 비롯한 오일과 향유를 전신에 발랐던 건 남성이다.

유럽의 에센셜오일 추출법 중에 동물의 지방 또는 올리브오일을 바른 유리판이나 캔버스 위에 신선한 꽃잎을 펼쳐 꽃잎의 오일이 지방이나 올리브유로 흡수되게 하는 냉침법이라는 방법이 있다. 새 꽃잎을 여러 번 교체해 주어 향기를 충분히 흡수시킨 향지, 즉 포마드를 만들고 이것을 다시 알코올을 이용해 지방과 오일을 분리한 후, 알코올을 제거하고 에센셜오일을 얻는다. 향 성분이 쉽게 손상될 수 있는 장미, 재스민, 제비꽃, 튜브로즈tuberose 월하향, 아카시아 등에 이 방법을 적용한다. 이렇게 만든 것은 최고급 향료로 매우 비싸다. 영화 〈향수〉에 이 냉침법으로 에센셜오일을 추출해 내는 장면이 나온다. 꽃잎이 산더미처럼 쌓여 있는 창고에서 일꾼들이 테이블에 모여 앉아 캔버스 위에 꽃잎을 하나씩 하나씩 올려놓는다.

바로크시대에는 스페인에서 만든 카카오와 바닐라 향을 섞은 크림이 프랑스 왕정과 귀부인들 사이에서 널리 유행했다. 프랑스 향수산업을 만든 이는 메디치 가문의 카트린느 드 메디치로 1533년 프랑스의 앙리 2세와 결혼하면서 이탈리아의 향문화를 소개했고 남프랑스의 그라스Grass에 향수산업을 촉발시켜 이 도시는 이후 향수의 메카로 불리게 된다. 나폴레옹은 감귤류향을 좋아해 수십 병을 한 달에 사용했다고 한다.

일본 고전영화에 등장하는 게이샤나 일본의 전통 목판화인 우키요에에 표현된 에도시대 미녀도를 보면 흰 피부를 극단적으로 강조한 백색 화장을 볼 수 있다. 일본에는 이와 함께 이를 검게 물들이는 '오하구로'라는 화장도 있다. 치흑齒黑이라고 하는 화장풍습이다. 고대부터 시작되어 에도시대 이후에는 의무적으로 해야 하는 풍습이었고, 100여 년 전에 사라졌다. 오배자옻나무과의 붉나무 잎에 생기는 혹 모양의 벌레집 가루가 주요 소재로, 매일 아침 이에 문질렀다고 한다. 오배자 분말의 주성분인 타닌이 충치 예방에 도움이 되었을 것으로도 보는데, 정조의 의미를 나타내는 상징적인 화장이다. 검은색은 변하지 않으니까. 백분을 칠한 하얀 얼굴에 민 눈썹과 검은 이. 이 또한 '다른' 아름다움인 것이다.

동남아시아에서도 흰 피부를 향한 동경과 열망은 그 역사가 길다. 피부색이 계층을 알 수 있는 외부적 요인으로 작용하기도 한다. 인도네시아 자바에는 인도네시아의 전통의학인 자무jamu가 잘 알려져 있다. 자무는 식물의 뿌리·꽃·씨앗·잎·열매 등으로 만드는 약재로, 생강·강황·레몬그라스·오렌지·타마린드 같은 지역 자생식물들을 혼합한다. 이 자무를 두 왕녀가 화장품으로 개발한 후 궁녀들의 비법으로 전해내려 온 마사지법을 결합해 브랜드를 만들기도 했다. 미얀마에는 2000여 년 전부터 고대 버마 여인들이 사용하던 자연 선블록 화장품인 다나카tanaka가 있다. 다나카 나무를 가루로 만들어 물에 개어 사용하는데, 자외선 차단·피부관리·방충 용도로 광범위하게 사용한다. 피부를 부드럽게 해 주고, 쿨링 효과가 있으며, 비타민E가 많이 함유되어 항산화 효과도 있다. 동서고금을 막론하고 아름다움을 향한 욕망은 인간의 본능인 것 같다.

슬로뷰티, 나를 보살피는 일

셀프 케어·셀프 마사지

의학의 아버지라고 불리는 히포크라테스는 건강을 유지하는 최상의 방법 중 하나로 마사지를 꼽았다. 마사지는 그리스어 '주무르다 masso'와 아라비아어 massa '만지다', '느끼다'가 어원으로, 고대 의학에서는 치료법의 한 형태였다. 근육을 주무르는 행위인 마사지는 혈액과 림프 등의 체액의 흐름을 촉진한다. 혈액 순환과 림프의 흐름이 원활해지면 몸의 신진대사가 활발해져 불필요한 노폐물과 체지방이 제거되는 효과가 있다. 물론 마사지는 건강한 피부를 위해 필요한 피부의 신진대사에도 큰 도움을 준다.

개인적으로 마사지를 좋아해서 첫 직장을 다닐 때부터 다양한 종류의 마사지를 경험했었는데, 피로회복과 긴장된 근육이완에 마사지만큼 좋은 것이 없었다. 마사지는 세계 최초로 1985년 영국에서 설립된 IFAInternational Federation of Aromatherapists의 영국 아로마테라피스트 자격시험 준비를 위해 시험과목 중 하나였던 아로마테라피 마사지 실기를 공부하면서 처음 배우게 되었다. 이후 대학원에서 뷰티테라피와 경락학 등의 교과목을 수강하면서 마사지에 관한 전반적인 내용을 공부할 기회가 있었다. 아로마테라피마사지, 아유르베다마사지, 스웨디시마사지, 경락, 독일에서 시작한 반사요법, 오랜 전통을 지니고 있는 하와이의 로미로미, 일본의 시아추, 타이마사지, 발리마사지와 스톤테라피, 하이드로테라피 등 전 세계에 다양한 마사지법이 있었고, 공부하다 보니 몸과 마음에 미치는 마사지의 영향이 내가 생각했던 것보다 훨씬 더 강력하다는 것을 알 수 있었다.

마사지는 5000년 전부터 시작된 전통적인 전인적 치유 방법 시스템의 한 부분이다. 기원전 3000년 전으로 거슬러 올라가 인도의 아유르베다와 기원전 2700년 전 중국의 기록에서 알 수 있듯이 인류가 터득한 자연치료 방법 중 하나다. 그리스에서는 기원전 800년에서 700년 사이에 운동선수들이 경기 전에 몸 상태를 조절하기 위해 마사지를 사용했으며, 의사들은 치료 목적으로 마사지와 함께 허브와 오일을 사용했고, 로마인들은 몸의 순환을 촉진하고 관절을 부드럽게 하기 위해 마사지를 즐겼다. 양귀비의 미의 비결 중 하나 역시 경락마사지였다. 경락마사지로 기의 흐름을 원활하게 해 주어 독소를 배출하고 피부 트러블을 방지한 것이다.

유럽에서는 종교적인 이유로 오랫동안 마사지를 등한시하다가, 1차 세계대전 이후 부상병의 상처 치유와 회복에 사용했다. 그리고 19세기 초 스웨덴의 의사이자 체조선수이며 교사였던 퍼 헨릭 링이 만성 통증 완화를 위해 개발한 스웨디시마사지를 시작으로, 피부 미용을 위한 현대의 다양한 마사지가 발달하게 되었다. 미용마사지 외에도 재활마사지와 건강마사지, 스포츠마사지 등 다양한 목적의 마사지가 있다. 그중 슬로뷰티를 위한 셀프 케어와 셀프 힐링 목적의 셀프 마사지를 빼 놓을 수 없다.

나는 셀프 마사지 예찬론자다. 셀프 마사지는 운동과 함께 보편화되어야 한다. 마사지가 몸에 어떤 긍정적인 영향을 미치는지 좀 더 들여다보자. 혈액과 림프액의 흐름을 개선시켜 주는 일은 긴장된 근육과 관절을 이완시켜 주고 근육 통증을 완화시켜 준다. 마사지는 근육의 수축 이완을 자극해 지방 연소를 돕고 혈액순환을 촉진해 산소와 영양공급이 잘 이루어지게 한다. 신경계·호흡계·생식기 계통에도 같은 맥락으로 도움을 준다. 피부에는 노폐물 배출과 혈액순환 촉진, 영양 공급 등의 효과가 있으며 이 때문에 피부 재생과 피부 트러블 방지가 가능하다.

셀프 마사지가 셀프 뷰티 케어에서 중요한 이유는 간단한 피부 마사지로도 피부 기저세포 활동을 촉진시킬 수 있기 때문이다. 그리고 마사지는 스트레스 해소, 피로 회복, 심리적 안정, 통증 감소, 디톡스, 피부노화를 늦추는 데도 도움이 된다. 우리 모두 스스로 병을 예방하고 자신의 몸의 자연치유력을 높이는 처방을 하는 자연의사가 될 수 있다. 그 첫 번째 방법이 셀프 마사지다. 스트레칭과 함께 애정을 듬뿍 담아 내 몸을 자주 만져 주자. 굳어 있는 근육도 풀어 주고 어딘가에서 뭉쳐 있을 혈액과 림프액 등의 체액이 온몸을 잘 돌아다닐 수 있도록! 세포 내에서 산소와 이산화탄소의 교환이 원활히 일어나고 여기저기 쌓인 독소들이 몸 밖으로 잘 빠져나갈 수 있도록! 얼굴도 잊지 말자. 마사지로 얼굴에 있는 50개 이상의 근육을 단련시켜 탄력을 주자.

셀프 마사지는 몸 건강에도 긍정적인 효과가 있지만 이를 넘어서 셀프 힐링으로 연결된다. 마사지는 밖으로 향한 시선을 나 자신으로 옮겨 자신의 피부와 몸을 바라보게 하기 때문에 그 자체로 자연스럽게 위안과 진정을 경험하게 한다. 얼굴 마사지는 더욱 그렇다. 거울 앞에 앉아서 10여 분 정도 거울 속의 자신의 얼굴을 보면서 자신을 돌보는 시간은 평안함을 가져다 줄 것이다. 마사지를 하는 동안 편안한 음악이나 자연의 소리를 틀어 놓는다면 그 평안함은 배가 될 것이다. 퇴근 후 바쁜 일상의 압박에서 벗어나 자신의 몸과 마음에 휴식을 줄 수 있는 최고의 습관이다. 셀프 케어, 즉 '나 자신을 돌보는 일'이 일상화되어야 한다. 유튜브에 다양한 셀프 마사지 방법을 알려 주는 영상들이 많이 올라와 있다. 자신에게 잘 맞고 꾸준히 할 수 있는 방법을 찾아 수시로 몸을 주물러 주고, 만져 주고, 탁탁 쳐 주고, 안아 주자. 우리 몸 각각의 개별 부위는 모두 연결되어 있는 하나의 전체적 유기체다.

나의 아름다운 소우주, 몸

몸이 궁금해져 인체 생리학을 공부하고 몸의 메커니즘을 알게 되면서 나와 인간을 새로운 관점으로 바라보고 이해할 수 있게 되었다. 이 방면의 지식을 접할 기회가 이전에 없었고 다른 각도의 시각과 인식이 필요한 시기라면, 시간을 내서 인체와 관련한 서적을 읽기를 권한다. 무엇보다 몸의 작동에 관한 지식은 알면 알수록 재미있다. 자주 펴 놓고 읽고 싶을 만큼.

인체는 피부계, 골격계, 근육계, 신경계, 내분비계, 심장혈관계, 림프계, 소화계, 호흡계, 비뇨기계, 생식기계 총 열한 개의 기관계로 이루어져 있다. 근육과 골절의 기계적인 작용, 소화와 배설의 연동 작용, 혈액의 순환, 물질대사의 결과로 생산되는 에너지, 몸 밖의 세계와 연결하는 문인 오감五感 그리고 사령탑인 뇌까지. 인간의 생명 현상을 유지하기 위한 각 부위의 구성, 작용, 기능은 경이롭고 신비하다. 그러나 이런 복잡해 보이는 인체는 99퍼센트 이상이 산소·수소·탄소·질소·칼슘·인으로만 이루어져 있다.

내가 유독 관심이 갔던 부위는 뇌, 세포, 효소, '강'이라고 불리는 몸의 빈 공간들, 혈액과 림프액, 그리고 우리 몸에 살고 있는 또 하나의 세계로 표현되는 미생물이다. 우리 인체는 수십 조나 되는 세포로 이루어져 있고, 몸을 이루는 이 가장 작은 단위인 세포는 태어나서 살고 죽고, 새로운 세포들은 다시 그 세포로부터 생겨나며 살고 죽는다. 예정된 '세포 자살'이다. 이 세포 자살에 문제가 생기면 암, 치매, 종양 등의 질병으로 이어질 수 있다. 모든 세포의 활동에는 산소, 영양분, 이온 물질 등이 필요하기 때문에 우리는 끊임없이 먹고 이산화탄소, 노폐물, 이온 물질 등 더 이상 필요 없게 된 물질을 배출한다. 사람의 섬유아세포fibroblast(진피에 있는 고정세포로 세포의 기질과 콜라겐 합성에 관여한다)의 경우 50~60회 세포분열한 후 죽는다. 매초 천만 개의 세포가 죽고 그만큼의 세포가 태어난다. 이 순간 우리 몸을 구성하고 있는 모든 세포는 2년 후 정도면 죄다 새로운 세포로 바뀌어 있을 것이다.

우리 몸속과 피부에 살고 있는 1만 종에 달하는 미생물의 수는 약 39조 개에 이른다고 한다. 무게는 2킬로그램 정도라는데 뇌의 무게와 비슷하다. 한마디로 우리의 몸의 일부는 인간이 아닌 것이다.

이 미생물 군집을 '마이크로바이옴'이라 부른다. 놀라운 마이크로 생태계가 바로 여기 우리 몸에 존재한다. 우리의 몸은 미생물의 식민지로 인간 몸의 구석구석, 특히 장 속에 대다수가 살고 있다. 이 수많은 침략자들이 서식하며 생명작용에 관여하고 있다. 우리 몸속에서는 공생관계와 삶과 죽음이 반복되고 있고, 죽음은 우리의 무지와는 아랑곳없이 내 몸의 안과 밖에서 쉼 없이 진행 중이다. 새로운 그 무엇이 아니다. 우리는 지금 바로 이 몸에서 삶과 죽음의 변주를 경험하고 있는 것이다.

생명의 근간이자 우리 혈액의 통로인 혈관을 모두 합친 길이는 약 12만킬로미터로, 지구 세 바퀴 길이다. 혈액은 산소·이산화탄소·질소를 운반하고, 영양분과 노폐물을 교환하며, 호르몬을 수송하고, 병원체의 공격을 막는다. 체온 조절을 돕고, 수분과 염류를 조절하며, 산과 염기를 조절해 pH를 일정하게 유지한다. 슈퍼히어로 같은 이 생명의 액체는 내가 지난 3개월 동안 먹은 음식이다. 혈액이 순환하는 과정에서 일부 혈액은 세포들 사이에 남게 되는데, 이들이 림프모세혈관으로 모이게 되면 림프라 부른다. 이 림프는 몸 전체에 분포되어 있고, 이 중 일부는 다시 혈액으로 합류한다. 림프는 음식 영양소 중 지방을 별도로 흡수하여 혈류로 보내고 병원체로부터 몸을 방어한다. 림프로 운반된 유해한 물질들은 800곳 이상의 림프샘에서 없어진다. 우리 몸에는 크고 작은 림프샘들이 있는데, 큰 곳 중 하나가 바로 빗장뼈 위쪽 목 부분이다.

인체의 매트릭스와 지구와 생명체의 매트릭스는 닮아 있다. 지구의 강과 바다는 인간과 동물의 혈관과 림프에 해당한다. 부분과 전체가 같은 모양으로 반복되는 구조인 프랙탈fractal 구조로도 설명한다. '자기 유사성self-similarity'과 '순환성recursiveness'을 특징으로 한 이 프랙탈 구조는 자연에서 쉽게 발견할 수 있고 인간의 몸 역시 그렇다. 우리의 폐는 나무와 닮아 있고, 허파꽈리는 브로콜리와 닮아 있고, 뇌의 수많은 주름들도 혈관 구조도 같은 맥락이다. 초음파로 본 내 젖가슴도 파도가 넘실대는 아름다운 바다였다.

우리 몸속에는 '강腔'이라고 부르는 빈 공간이 많다. 복강, 내강, 관절강, 뇌 안의 공간, 부비동(코를 중심으로 두개골과 얼굴 사이의 안쪽 빈 부분), 동공(눈의 홍채에 비어 있는 공간), 그리고 우리 몸 세포를 만들고 있는 원자의 빈 공간까지. 결국 공空이로다!

아유르베다에서의 몸은 범우주적인 관계 속에서 이해된다. 인간은 대우주의 자식인 소우주로, 오감과 다섯 가지 운동기관인 입·손·다리·항문·성기, 그리고 마음과 영혼으로 이루어져 있다. 공간·바람·불·물·흙, 이렇게 다섯 가지가 우리 몸의 구성요소다. 공간은 관을 비롯한 몸의 공간들, 바람은 신경작용과 촉각기관, 불은 신진대사와 시각기관, 물은 혈액 등 몸의 모든 액체, 흙은 몸의 뼈·치아·머리카락과 단단한 조직이다. 아유르베다에 의하면 앞에서 보았던 도샤 중 카파는 창조, 피타는 유지, 바타는 소멸을 상징하며 인간을 비롯한 모든 삶과 자연 그리고 우주의 순환 과정이 다 함께 연결되어 있다.

한의학에서도 인체는 소우주다. 주요 기본 원리는 우주의 원리인 음양오행설로 음양은 세계를 구성하는 제일 기본 요소이고, 이 두 개에서 오행이 생성된다. 한의학에서 말하는 다섯 가지 요소는 흙·나무·쇠·불·물이다. 음양의 조절을 통한 동적평형, 즉 항상성이 유지되어야 건강한 상태로 본다. 아유르베다와 한의학 등의 전통의학에서는 자연과 이루는 조화, 전인적인 치료, 자기치유 능력. 치료 이전의 예방의학을 중요하게 생각한다.

존경하는 빙허각 이씨의 《규합총서》의 권4 '청낭결靑囊訣: 병 다스리기'에는 태교, 구급, 민간요법, 경험처방 등의 의학적 내용이 담겨 있다. 빙허각 이씨가 생활백서에 이런 내용을 넣은 것을 보면 자신의 몸을 예방하고 치유하는 행위를 당연하게 생각한 것 같다. 몸에 관심을 갖게 되면서부터 나는 내 몸을 객관화해서 보려고 노력한다. 그리고 내 몸의 모든 기관들이 참으로 성실히 단 한순간도 쉬지 않고 참 열심히 일하고 있구나, 라고 생각한다. 내 몸은 내가 아는 그 무엇보다 부지런하다. 자주 자책하는 '게을러터진 나'는 그 몸의 일부분이다. 내 몸의 다른 모든 부분들은 이렇게 열심히 살고 있는데, 감히 2킬로그램도 되지 않는 뇌가 사령관 역할을 하며 불필요한 오만가지 잡생각과 근심 걱정으로 내 몸을 힘들게 한다. 참으로 놀라운 메커니즘을 보여 주지만, 동시에 너무나 취약한 육신을 지닌 채로 살아가는 나.

우리는 몸의 항상성을 유지하고 자생력을 키우기 위해 그저 돕는 존재일 뿐이다. 19세기의 유명한 프랑스의 화학자이자 미생물학자인 루이 파스퇴르가 임종 당시 그 동안 유지해 왔던 입장을 바꿔 성명을 발표했다. "우리가 걱정해야 하는 것은 세균이 아니다. 우리가 걱정해야 하는 것은 우리 몸 내부의 지형이다it is not the germs we need worry about. it is our inner terrain". 질병을 일으키는 것은 세균이 아니라 우리 몸 안의 상태라는 의미다. 항상성은 신체의 균형 balance을 의미하며, 이 균형이야 말로 건강의 핵심이다.

"우주, 태양과 달을 내 안에 다 품고 있다." 틱낫한 스님이 한 말이다. 인류의 역사와 우주가 이 몸 안에 있다. 그러니 우리가 거하는 이 몸은 얼마나 아름다운가? 이 순간도 300그램 짜리 나의 심장은 분당 60회에서 70회 쉬지 않고 뛰고 있는 중이다. 그러니 쓸데 없는 것에 한눈 팔지 말고 당신의 존재 자체를 즐겨라!

나와 자연이 하나되는 아름다운 명상

마인드 뷰티·브레인 뷰티

몸이 궁금해지면 마음도 자연스럽게 궁금해지는 법이다. 마음은 뇌의 신경 과정이라고 한다. 마음이 뇌라면, 나는 결국 뇌인가? 뇌와 마음은 인류가 아직 풀지 못한 수많은 질문의 영역으로 결코 단순하지 않다. 뇌는 '생물학의 마지막 미개척 영역'이라고들 한다. 몸무게의 2퍼센트 정도 밖에 나가지 않는 뇌는 하는 일이 많아서 20퍼센트의 산소를 소비하고 15퍼센트 정도의 혈액을 사용할 만큼 에너지를 많이 쓰는 기관이다. 뇌와 마음과 관련해서는 과학·심리학계에서 의견이 분분하다. 《뇌 속의 인간 인간 속의 뇌》는 인지과학(또는 심리학)에서는 마음을 체화된 마음 embodied mind이라고 하고, 뇌를 품고 있는 '몸'이 '환경'과 어떻게 상호작용을 하고 있는지를 아는 것이 마음을 이해할 수 있는 가장 중요한 방식이라고 말한다. 개인적으로 '나는 결국 2킬로그램 정도의 뇌'라는 사실에 강한 저항감을 가지고 있기 때문에 이 말은 그에 비하면 그나마 더 확장된 접근이긴 하다. 하지만 나는 고대부터 이어져 온 '소우주'라는 표현이 훨씬 매력적이고 마음에 든다. 과학자도 심리학자도 종교지도자도 아닌 나로서는 뭐가 되었건 마음과 생각의 조화로움을 원할 뿐이다. 그래야 유기적으로 몸도 건강해져 '완전한 건강'을 누릴 수 있을 테니 말이다. 그래서 나는 명상을 한다.

내가 깨달은 명상이란 한마디로 잠시 멈추고 '살아 있음'을 인식하는 일이다. 숨 쉬기, 걷기, 청소와 설거지 등 일상적으로 내가 하는 행위를 '의식적으로' 바라보는 것이다. 판단하지 않고 그저 관찰하는 것이다. 행위에 일일이 목적과 목표를 만들지 않는다. 우리는 매일 2만3000번의 숨을 내쉰다. 그중 내쉬는 몇 번의 숨을 '느끼는' 것이다. 오직 이 순간을 살고 있다는 사실을 깨닫는 것이다.

명상이 숨 쉬는 것을 바라보는 일부터 시작한다는 것은 내게 큰 의미가 있었다. 가끔 공황장애를 경험하고 있는 나에게는 숨 쉬는 일이 가장 힘든 일이 되는 경우가 있다. 나는 이 명상 과정을 경험하며 완전한 치료는 아니지만 그 순간이 찾아올 때 어떻게 하면 되는지 나만의 해결 방법을 찾을 수 있게 되었다. 처음 호흡을 바라볼 때는 깊은 호흡을 하고 싶어서 저 배꼽 밑까지 숨을 끌어들이려고 욕심을 부렸다. 그랬더니 내쉬는 숨이 짧고 가파르고 힘들어서 하다 멈추기 일쑤였다. 어느 날 욕심을 버리고 가슴 흉곽의 빈 공간에 집중하고 흉곽을 활짝 열어 숨을 길게 쉬어 보니 한결 편해졌다. 어떤 날은 일종의 만트라(영적 또는 물리적 변형을 일으킬 수 있다고 여겨지는 발음, 음절, 낱말 또는 구절)를 만들어 그 문장에 집중해 보기도 한다. 인도의 한 유명한 미스틱(신비주의자)은 숨을 들이마시고 내쉴 때 "나는 몸body이 아니다. 나는 마음mind이 아니다"를 생각하며 숨을 쉬게 하는 명상을 하게 한다.

다양한 형태의 명상이 있지만 집중명상concentrative meditation과 마음챙김명상mindfulness meditation으로 크게 구분할 수 있다. 집중명상은 호흡과 만트라 등 한 대상에게만 초점을 두는 방식이다. 마음챙김명상은 주의를 자신의 호흡에 두고 이후 주의가 산만해지면 그것을 알아차리고 주의를 다시 호흡으로 되돌린다. 이 과정은 반복적으로 나타나며 내 주의를 지금 이 순간 '여기에' 두도록 하여 내 안에서 일어나고 있는 감각·감정·생각을 알아차리게 한다.

동양의 위대한 유산인 명상은 '마음 경영'의 정수로, 웰빙과 연관된 키워드로 손꼽히며 전 세계적인 관심의 대상이 되고 있다. 우리나라에도 2018년 KAIST명상과학연구소가 생기기도 했다. 명상의 효과를 과학적으로 밝히려는 연구는 1960년대부터 계속되고 있다. 명상을 할 때 혈압 등 심혈관계가 안정되고, 멜라토닌 수치가 상승하며, 스트레스 호르몬인 코르티솔의 혈중 농도가 감소하는 등 몸에 다양한 긍정적인 변화를 가져온다는 연구 결과도 많이 있다. 특히 암환자들에게 미치는 명상의 좋은 효과에 관한 연구 결과 사례가 많으며, 최근에는 인지기능 향상과 감정 조절 효과도 보고되고 있어 더욱 주목받고 있다.

하루를 시작하기 전 아침, 가벼운 스트레칭과 함께 15~30분 정도 하는 명상은 하루를 여는 가장 현명한 오프닝 방법이다. 오전 명상의 형태는 간단하다. 코로 들고나는 숨을 가만히 따라가 본다. 좋은 에너지를 내 폐 속 깊숙이 배 저 밑으로 받아들이고, 내쉴 때는 내 몸속의 모든 구석구석 세포에서 만들어 낸 찌꺼기와 독소가 함께 빠져나간다고 생각한다. 사실 이것은 호흡의 기능이기도 하다. 명상은 나를 붙잡고 있는 모든 상념을 의식적으로 바라보는 행위다. 가만히 내 안에서 일어나는 온갖 생각과 감정을 응시하며 내 몸을 바라보는 것이다. 의식을 가지고 바라보는 일. 새롭게 선물로 주어진 하루라는 시간을 맞이하는 의식이다. 바로 이 순간 여기에 깨어 살고자 하는 의지다.

명상을 돕는 아로마 에센셜오일 중 수천 년 동안 애용되어 온 '명상의 오일'이라는 별명을 갖고 있는 에센셜오일이 있다. 깊은 향의 프랑킨센스나 샌들우드 또는 유칼립투스·사이프러스·시더우드 등 호흡기 계통에 도움이 되는 에센셜오일을 오일버너에 몇 방울 떨어뜨려 발향하거나 에센셜오일 전용 발향기를 이용해 공기 중에 발향한다면 선물 같은 향기로운 아침을 맞을 수 있을 것이다.

명상은 여러 형태로 접근이 가능하다. 마음이 소란하고 생각이 복잡할 때에는 자연 속으로 산책을 나가자. 한 걸음 한 걸음 걷고 있는 내 발걸음, 내 피부를 가볍게 어루만지고 지나가는 바람의 속삭임, 이름 모를 꽃과 풀의 싱그러운 향기, 나무 한 그루·모래 한 알·파도의 움직임과 소리에 주위를 기울이자. 어떤 것이든 자연에 몰입하면 자연 역시 내게로 몰입한다. 나와 자연이 하나되는 아름다운 명상, 나는 이를 '마인드 뷰티mind beauty' 또는 '브레인 뷰티brain beauty'라고 부르고 싶다.

나의 생각은 내가 속한 사회 안에서 학습되는 것이며, 내 생각은 내 경험이 프로그램화 되어 나타난 결과다. 그래서 좁고 편협한 면이 많다. 당연히 100퍼센트 믿을 수 없다. 내 감정도 마찬가지다. 이리저리 널뛴다. 그나마 직관은 좀 낫다. 외부의 변수, 즉 상황·조건·타인·감각·만족 같은 것만이 나에게 행복과 기쁨을 주는 것은 아니다. 나는 외부의 이러한 조건들과 상관없이 내 안에서 스스로 행복과 기쁨을 찾을 수 있다. 충만함을 느낄 수 있다. 참 나를 알아가는 과정, 나를 만나는 시간인 명상은 나의 마음과 뇌를 아름답게 하는 시간이다. 그래서 늘 그 시간이 기대된다.

슬로뷰티를 위한
이너 뷰티, 채식 위주의 식생활

피부에 직접 적용해 피부를 관리하는 화장품을 '아우터 뷰티outer-beauty'라고 한다면, 먹는 화장품이라고 불리는 '이너 뷰티inner-beauty'에 관한 관심도 높아졌다. 코스메틱 푸드cosmetic food라고도 불리는 건강보조식품(일반 의약품도 있다)을 찾는 이들이 많아진 것도 이런 현상과 무관하지 않다. 이너 뷰티inner-beauty란 크게 육체와 정신, 두 가지 면에서 정의내릴 수 있을 것 같다. 여러 가지 해석이 있겠지만 정신적인 면에서 보는 이너 뷰티는 평화로움이나 마음과 생각의 선함·순수함·성숙함을 말하는 것이고, 육체적인 면에서 보는 이너 뷰티는 보이지 않는 우리 몸 안의 건강을 뜻한다.

몸 안이 건강한지 아닌지는 피부에 그대로 나타난다. 피부가 생기가 있고 매끄러우며 트러블이 없고 탄력이 있다는 것, 즉 피부가 건강하고 곱다는 것은 결국 몸의 세포들이 건강하다는 말이다. 세포가 건강하다는 것은 우리 몸의 안과 밖을 구성하고 있는 세포들에게 골고루 충분한 영양이 공급되고 있다는 의미다. 결국 음식이다. 몸에 좋은 음식을 섭취해 세포들에게 좋은 영양분을 공급해야 한다. 그렇게 내가 먹고 소화한 음식이 내 몸이 된다. 그러니 까다롭게 가려서 먹어야 하는 것은 당연하다.

좋은 음식이란 산해진미나 혀만 즐거운 음식이 아니라 내게 필요한 영양소가 골고루 균형이 잡혀 있어 내 몸의 에너지원으로 잘 사용될 수 있는 음식을 말한다. 균형 잡힌 식사가 무엇인지에 관한 정답은 없다. 사람마다 몸과 건강 상태, 연령, 사는 곳 등이 다르기 때문에 자신에게 맞는 방법을 찾아야 한다. 약식동원藥食同源이라는 말이 있다. "약과 음식은 그 근원이 같다"라는 의미다. 우리 전통 음식 중 앞에 약이 붙어 있는 약식·약과·약주 등은 우리 조상들이 '음식은 약과 같다'는 생각을 했기 때문에 생긴 말이다. '밥이 보약이다'라는 말도 있지 않은가? 지금부터는 피부의 이너 뷰티를 위한 채식 식생 이야기를 해 보려고 한다.

나는 완전 채식주의자인 비건은 아니다. '주의자'라는 표현은 언제나 뭔가 좀 불편해서 나는 나를 식물중독자, 채식애호가로 부른다. 굳이 채식주의 분류로 표현하자면 준채식인 플랙시테리언flexitarian이다. 플렉시테리언은 플렉서블 베지테리언flexible vegetarian의 줄임

말로, 말 그대로 융통성 있는 채식주의자라는 뜻이다. 플렉시테리언은 어패류와 육류 섭취를 최소화하고 채식 중심으로 식사를 한다. 요즘 채식이 트렌드라고들 하는데, 이 유행은 잠깐 반짝했다 사라지지 않을 것이다. 짧지 않은 역사를 가지고 있는 철학적 사유인 채식주의는 동물보호·생태주의·공리주의·도덕적 의무 등을 근거로 한 다양한 견해들을 주장해 왔으며, 사회운동으로도 발전해 왔다.

나는 몇 년 전 몸과 음식의 관계, 그리고 바른 식생활이 무엇인지를 제대로 알고 싶어 일본의 국제식학협회IFCA가 주관하는 한국 마크로비오틱아카데미(현 이양지의 부엌학교)에서 건강을 위한 식생법인 마크로비오틱 과정을 공부했다. 마크로비오틱macrobiotics은 '마크로macro 크다'와 '바이오bio 생명', 고대 그리스어를 어원으로 하는 '틱tique 기술'의 합성어다. 히포크라테스는 식생활·환경·질병의 관계를 중요하게 생각했고, 건강하게 장수하는 사람을 '마크로비오스macrobios'라 했다. 1920년대 후반 일본에서 시작되어 국제적인 식문화운동이 된 이 식생법은 음양의 조화를 추구하는 동양 사상에 따른 식재료와 조리방법을 적용하며 신토불이 식물 전체를 먹는 자연식단이다. 일상의 기본식에서는 40~60퍼센트의 통곡물, 20~30퍼센트의 채소, 5~10퍼센트의 콩과 콩제품으로 이루어진 곡류, 채소 위주의 식단을 권한다. 마크로비오틱의 선구자 중 한 명인 구시 미치오의 《마크로비오틱 북The Book of Macrobiotics》에서는 인간의 치아 중 스물여덟 개는 곡물·채소·과일 등을 씹기 위해, 치아 네

개는 고기를 먹기 위해 만들어졌으며, 식물 유래 음식과 육류의 비율이 7:1이 되는 것이 인간의 치아 구조와 가장 적합하다고 말했다. 여기서 이야기하고 싶은 또 하나의 식문화 운동은 '슬로푸드'다. 창시자인 이탈리아의 카를로 페트리니의 저서 《슬로푸드 네이션Slow Food Nation》을 읽고 깊은 감명을 받은 후, 그의 정신을 이어받아 설립된 이탈리아 미식과학대학교의 석사 과정인 '푸드 컬처&커뮤니케이션Food Culture & Communications'의 단기 프로그램에 참여해 그의 강의를 직접 들어보았다. 슬로푸드는 'Good(좋은 품질, 좋은 풍미, 건강한 음식), Clean(환경에 해를 끼치지 않는 생산), Fair(소비자가 접근할 수 있는 가격, 공정한 조건, 생산자를 위한 공정한 지불)'라는 슬로건 아래 패스트푸드가 아닌, 느리지만 정성이 담긴 그 지역의 전통음식으로 건강한 먹을거리를 되찾자는 운동이다. 참고로 이 가치는 내가 추구하는 슬로뷰티-비건화장이 추구하는 핵심 가치와도 연결되며, '슬로뷰티'는 카를로 페트리니의 '슬로푸드'와 쓰지 신이치의 '슬로라이프'에서 차용한 것이다.

우리의 식탁이 서구화되면서 육류·가공식품·유제품이 메인이 되고, 채소가 사이드가 된 지 꽤 오래 되었다. 예전 우리의 전통 밥상은 다양한 제철 채소가 풍성한 식단이었다. 특히 비타민이 풍부한 한국 고유의 반찬인 다양한 종류의 '나물'이 풍성했다. 산이 많은 우리나라의 특성상 여전히 우리에게는 산나물 들나물로 부르는 채소들이 많다. 식탁 위에 오르는 메인과 사이드 음식의 내용이 바뀌어야 한다. 제철음식을 식탁 위에 올려야 한다. 그래야 질병 없는 건강한 삶, 고통이 덜한 노후, 건강한 피부를 가질 수 있다. 이에 관한 연구 결과는 이미 수도 없이 많이 나와 있다. 이젠 채식 위주의 식단은 선택 사항이 아닌 생존과 직결되는 필수 식습관이 되어야 한다. 식물성 식단의 장점을 논하자면 별도의 책이 나와야 할 정도의 방대한 양이라 몇 가지만 짚고 넘어 가겠다.

식물은 영양소가 풍부하고 칼로리가 낮고 섬유질이 많기 때문에 적은 양을 먹어도 포만감을 느낄 수 있으며, 쉽게 소화되고 영양소가 몸에 빠르게 흡수되어 에너지 공급 면에서도 좋다. 식물성 식단은 비만 해소에도 효과적이다. 통곡물, 과일, 채소, 견과류, 씨앗, 콩류로 구성된 식단을 섭취하면 피부를 깨끗하게 해 주는 해독 효과가 크고, 식물의 다양한 영양소는 피부 안과 밖을 건강하게 만들어 준다. 비타민C·비타민E·비타민B·아연·구리·셀레늄 등은 모발을 윤기 있게 만들고, 피부를 맑고 빛나게 해 주며, 태양으로부터 피부를 보호하는 데 도움이 된다. 연구에 따르면 식물성 식단은 항염증 효과가 있으며, 과일·채소·견과류와 씨앗에는 염증을 일으키는 촉매 반응 속도를 증가 또는 감소시키는 효과가 있는 물질가 훨씬 적다고 한다. 녹색 채소에 불포화지방·마그네슘·구리 성분이 풍부한 아몬드와 호두를 넣고 올리브오일을 뿌린 간단한 샐러드 한 접시를 자주 먹도록 하자.

식물 기반 음식은 알칼리성이라 우리의 혈액이 적정한 pH 수준을 자연스럽게 유지할 수 있도록 해 준다. 모든 채소 특히 녹색 채소와 과일은 대표적인 알칼리성 식품이다. 브로콜리, 배추, 양배추, 무, 케일, 청경채, 콜리플라워, 갓 등 항암식품으로 손꼽히는 십자화과(겨자과) 채소를 비롯해 잎이 많은 채소, 뿌리채소, 콩과 식물과 콩나물, 견과류와 씨앗, 양파, 마늘, 부추, 신선한 콩 등도 알칼리성 식품이다. 반면 산성 식품은 육류, 생선과 조개류, 우유, 계란, 버터, 치즈, 카페인, 알코올, 가공식품, 설탕과 인공 감미료, 정제 곡물, 담배, 밀 등이다. 산성 노폐물이 많은 음식을 먹으면 뼈와 근육의 악화, 암, 간 문제, 신장 결석과 심장 질환을 유발할 수 있다는 연구가 있다.

몸을 알칼리화하는 첫 단계는 알칼리성 음식, 즉 채식을 늘리고 산성 음식을 적게 섭취하여 식단의 균형을 추구하는 일이다. 우리가 쉽게 접할 수 있는 채소와 과일은 파이토케미컬을 만든다. 앞에서 잠시 살펴보았지만 식물의 2차 대사산물의 대표적인 건강 효과는 항산화작용, 항염증작용, 면역력 증진과 조절, 혈액순환, 해독, 항균, 항암작용 등이 있고 특히, 레드파프리카와 양배추는 피부의 콜라겐을 만들어 주며, 가지는 피부노화를 늦추어 주고, 비타민C가 풍부한 딸기 등은 피부건강에 탁월한 효과를 나타낸다. 음식 조리법, 화학조미료, 유전자 재조합GMO으로 생산된 먹을거리에 관해서도 좀 더 깊은 정보를 습득하고 알아보아야 한다.

채식은 지구 환경 문제와도 깊은 연관이 있다. 기후변화는 지금 세계가 당면한 큰 숙제다. 전 세계 농토의 3분의 1 이상이 농사가 아니라 가축 사육에 쓰이고 있고, 곡물과 물도 이 고기를 먹기 위해 사용되고 있다. 유엔식량농업기구FAO의 2006년 보고에 따르면, 기후변화의 가장 큰 원인은 온실가스다. 온실가스 배출이 가장 심각한 분야는 축산업이며, 그 배출 비중이 18퍼센나 된다. 운송업에서 나오는 배출량(13.5퍼센트)보다 높은 수치다.

전 세계 인구가 꾸준히 증가하자 과학자들은 2050년까지 100억 명에 달할 인구가 먹을 식량을 공급할 수 있는 식단을 고안하기 위해 분투하고 있다. 2019년 영국 의학 저널 〈란셋The Lancet〉에 전 세계 30명의 식품정책·영양과학자 그룹이 작성한 보고서가 실렸다. 그 보고서는 모든 국가가 식물성 식단을 주로 하고 육류·유제품·설탕을 줄이고 간헐적으로 먹는다면 기후변화를 유발하는 온실가스를 줄일 수 있으며, 세계 인구가 먹을 수 있는 식량을 생산하기 위한 충분한 토지를 확보할 수 있다고 했다. 전 지구인 각자가 육류 소비를 줄인다면 식량 부족과 물 부족을 해소할 수 있고, 다음 세대에게 건강한 식단의 모범을 보여 주고, 넉넉한 식량을 남길 수 있는 것이다. 우리에게도 이제 이너 뷰티, 내적인 아름다움이 절실히 필요하다. 우리는 알고 깨달은 만큼 먹게 되어 있다.

슬로뷰티를 위한 열 가지 셀프 케어

슬로뷰티는 셀프 케어(스스로 자신을 돌봄)가 핵심이다. 셀프 케어는 단순한 접근이 아니다. 하버드대학교의 의학박사인 허버트 벤슨은 그의 저서 《이완반응》에서 셀프 케어를 "영양, 스트레스 관리, 가치관, 인생관, 신념 등을 포괄하는 다면적 습관으로 구성된 건강한 생활방식"이라 정의했다. 작은 습관들이 모이면 인생에 변화가 일어난다. 더 건강한 피부와 내 삶의 행복을 위한 열 가지 셀프 케어 방법을 정리해 보았다. 어디선가 들어 본 적이 있는 내용일 수도 있고, 다시 어디선가 듣게 될 내용일 수도 있다. 그만큼 중요하다는 의미다.

① 식물성 오일을 사용해 셀프 마사지를 해 보자

식물성 오일을 손바닥에 부은 후, 얼굴과 몸을 자주 주무르고 때려 주자. 체액 순환이 잘 이루어지도록 가끔 거들어 주기 위한 일이다.

② 맨발로 걷기, 지구의 자연에너지에 나를 연결하자

어싱earthing 또는 그라운딩grounding이라고도 하는 이 행위는 맨발이나 손 또는 우리 몸의 피부가 지구 표면과 직접적으로 접촉하는 것을 의미한다. 2015년 〈염증 연구 저널Journal of Inflammation Research〉은 어싱은 (만성) 염증, 면역 반응, 상처 치유에 영향을 미친다고 했다. 맨발로 풀·흙·모래·바위 등을 걸으면 만성 통증과 기타 질병을 줄일 수 있는 것이다. 지구를 맨발로 맨손으로 직접 느끼는 것만으로도 좋은 효과가 있다. 이는 마치 대지의 여신인 가이아Gaia를 맨몸으로 만나 에너지를 충전하는 것과 같다. 방전되기 전에 정기적으로 충전해 주어야 한다.

또한 걷는 동안 창의적인 생각들이 찾아온다. 니체는 "위대한 모든 생각은 걷기로부터 나온다"고 했다. 이와 함께 자신에게 맞는 나만의 스트레칭 방법과 근력을 강화시킬 수 있는 프로그램을 만들자. 우리의 피부는 혈액으로 필요한 모든 영양소를 공급받는다. 몸을 움직이고 운동을 할 때마다 피부에 영양이 풍부한 혈액이 더 많이 공급된다. 매일 몸을 움직이는 것은 절대적으로 중요하다.

③ 광합성, 햇빛 샤워를 하자

지구의 에너지를 충전하기 위한 또 하나의 방법은 햇빛 충전이다. 준비물은 없다. 그냥 햇빛 아래에서 햇빛을 받아 몸에 에너지를 충전하면 된다. 이 햇빛 샤워도 에너지가 방전되기 전에 정기적으로 해 주어야 한다. 우리 몸은 햇빛에 충분히 노출되어야 비타민D를 생산할 수 있다. 인류의 40퍼센트 이상이 비타민D 결핍이라고 하는데, 비타민D가 결핍되면 골연화증·골다공증·근육통 등이 생길 수 있다. 자외선과 활성 비타민D가 일부 암의 발생율을 낮출 수도 있다는 보고도 있다. 자외선이 무조건 적은 아니다. 주 2~3회 정도 얼굴에는 자외선 차단제를 바르고 자외선 강도가 강한 10시에서 2시 사이를 피해 팔과 다리 등에 30분에서 1시간 정도의 자외선을 쬐면 충분한 양의 비타민D3지용성 비타민의 하나로 몸속 칼슘 농도를 조절하며, 내장에서 칼슘 이동에 관여해 혈중 칼슘 농도를 조절한다고 한다. 대구나 다랑어의 간유에 많다를 합성할 수 있다고 한다.

④ 식물 유래 성분이 함유된 친환경 화장품을 사용해 보자

식물 유래 성분으로 만들고 유통기간이 짧아도 합성 화학성분이 최소한으로 들어 있는 화장품을 잘 선별해 피부에 바른다. Less is Better! 꼭 기억하자. 적을수록 좋다.

⑤ 라벤더 슬립, 숙면을 취하자

건강한 수면은 육체적·정신적 건강에 중요하며 삶의 질을 향상시킨다. 숙면은 체중과도 관련이 있다. 체지방은 자는 동안 체온을 보존하고 혈당을 유지하기 위해 생각보다 많이 연소된다. 매일 7~8시간 동안 푹 자도록 해 보자. 수면 시간을 일정하게 유지하고, 최대한 편안하고 방해받지 않을 수 있는 침실 환경을 만들어 숙면을 취할 수 있도록 한다. 라벤더 향(당연히 천연의 향으로)은 수면을 취하는데 도움이 된다. 내일 일어날 일은 내일 경험하는 것으로!

⑥ 채소가 풍성한 식탁으로 바꾸자

매일 식탁 위에 항산화 물질이 풍부한 다채로운 색의 과일과 채소를 올려 보자. 이런 식단은 노화를 늦추는데 큰 기여를 할 것이다. 비타민C의 좋은 공급원인 딸기·키위·감귤·브로콜리 등은 피부를 유연하고 탱탱하게 해 주는 콜라겐 생성에 도움이 되며, 견과류·씨앗·아보카도·냉압착 방식으로 추출한 오일 등에 있는 식물 지방은 피부의 염증을 줄이고 건강한 세포를 만들기 위해서 필요하다. 견과류·씨앗·아보카도 등에는 체내에서 항산화제 역할을 하는 지용성 비타민인 비타민E도 풍부하다. 피부가 건조하거나 손상된 경우 영양 회복에도 도움이 될 수 있다. 버섯·무·해초·견과류·콩류·카카오 같은 구리가 풍부한 식품은 뼈를 건강하게 하고 적혈구 생성을 돕는다. 시금치·쑥·상추·부추 등의 녹황색 채소는 헤모글로빈을 만드는 철 성분과 비타민C, 비타민A 등이 풍부하다. 채식주의자들의 식단을 우려하는 이들도 있지만 콩·브로콜리·시금치·케일 같은 채소에는 우리 몸에 반드시 필요한 영양소인 단백질도 풍부하다. 다양한 채소를 먹어 골고루 영양소를 섭취하자. 텃밭을 만들어 채소를 키우거나 화분을 이용해 방울토마토나 상추, 바질 등을 직접 키워 보자. 그렇게 키워서 먹는 채소는 잎 하나하나 소중함과 감사를 느끼게 할 것이다.

⑦ 식물과 함께 살자

세계보건기구WHO에 따르면 실외 환경오염 물질보다 실내의 오염물질이 폐로 전달될 확률이 약 1000배나 높다고 한다. 실내의 오염물질은 대부분 집안의 화학물질로부터 나오는 것으로, 환기되지 않고 실내에 머물러 있을 경우 문제가 된다. 그렇기 때문에 수시로 창문을 열어 환기를 해 주어야 한다. 그리고 식물 중 이산화탄소를 잘 빨아들이고 산소를 뿜어내는 공기정화용 반려식물을 집안 곳곳에 들여 보자. 미국항공우주국NASA이 밀폐된 우주선에서 식물을 키워 공기정화를 시도했는데, 실험 결과 아레카야자, 관음죽, 대나무야자, 고무나무, 황금죽이라 불리는 드라세나 자넷 크레이그의 공기정화 능력이 컸다고 한다. 풀과 나무가 있는 곳으로 자주 나가서 식물이 내뿜는 향기로 샤워를 해 보자. 실외와 실내에 있는 식물원 산책은 식물 향기 샤워를 위한 최적의 공간이다.

⑧ 명상하라, 상상하라

우리는 오직 현재만을 살고 있는 중이니 다양한 명상을 경험하며 현재를 살자. 개인적으로 숲과 바다 산책을 하며 하는 명상은 셀프힐링 중 최고라고 생각한다. 나는 어려서부터 영화가 참 좋았다. 영화제 일도 오래 했고, 영화관 운영에도 관여했었고, 일찌감치 포기했지만 2년간 영화 제작도 시도했었다. 해서 특정 영화의 기승전결 구조나 어떤 장면에 현실을 중첩시켜 보는 경우가 종종 있다. 우리는 '나'라는 인생 영화의 주인공이다. 이 영화의 장르는 하루에도 몇 번씩 손바닥 뒤집듯 바뀐다. 매일 새로운 단편영화가 만들어진다. 드라마, 코미디, 로맨스, 어드벤처, 스릴러, 심지어는 미스테리와 수사물까지. 나는 언제나 다양한 장르의 인생을 경험하고 있다고 생각한다. 여기서 중요한 것은 리모콘이 내 손안에 있다는 사실이다. 채널은 바꿀 수 있다. 가끔은 지구 바깥으로 뛰쳐나가는 상상을 해 보는 것도 좋다. 슈퍼히어로 영화나 공상과학 영화처럼 집 지붕 위로 올라가서 동네 밖, 한국 밖, 지구 밖으로 나가 아름다운 지구를 바라보다가 다시 내가 있는 곳으로 내려오는 상상을 해 보자. 조금은 현실이 가볍게 느껴지지 않을까. 나르시스트가 되어 나를 사랑하자. 감정이나 생각이 자신을 해치지 않게 지금 잘하고 있다고 스스로를 다독이자. 이 일을 나에게 하지 않으면 엉뚱한 곳에서 그것을 기대하게 되고 그 결과는 대부분 좋지 않다.

⑨ 여행자처럼 살아 보자

하이데거는 "우리의 탄생과 죽음 사이에는 일상만이 존재한다"고 했다. 일상을 여행자처럼 살면 즐겁게 살 수 있다. 내 상황을 즐길 수 있다. 내가 만들어 놓은 틀에서 벗어나 또 다른 아름다움을 볼 수 있게 된다. 알몸으로 비를 맞거나, 햇빛을 받거나, 춤을 추거나, 땅을 만지고 놀거나, 자연을 온몸으로 느껴 보자. 우리는 여전히 야성이 필요하다. 여행자처럼 이리저리 기웃거리고 실패하고 성공할 기회를 주자. 나 자신에게 기회를 주자.

⑩ '나'와 '우리' 사이의 균형을 잡아 보자

'나'인가 '우리'인가, 이런 논의 주제agenda는 우리 삶에서 의외로 자주 만나게 되고 간혹 갈등의 불씨로 작용하기도 한다. 대략 난감한 주제인데, 이 사이의 균형을 잘 잡는 일은 자신을 돌보는 일과도 관련이 있다. 나는 '나' 중심의 개인주의자다. 조직을 떠난 후 지난 몇 년간은 나와 시간을 갖는 일이 편해져서 작건 크건 어떤 형태로든

집단 속에 있으면 불편했다. 이후 텃밭 커뮤니티와 서촌 동네 이웃들과 사귀기 시작하면서 살고 있는 지역사회 안에서 새로운 형태의 관계 맺기가 가능해졌다. 서로의 안부를 묻고 함께 시간을 보내는 가족, 연인, 친구, 직장동료, 동호회, 이웃 등 자신이 속한 집단과 맺는 관계는 중요하다. 한쪽으로만 치우치지 말고 다양한 개인주의와 집단주의가 조화를 이루는 삶을 살기 위해 노력하자. '섬'으로도 존재하고, '군도群島'로도 존재할 수 있도록.

이 열 가지를 자신의 현재 몸, 건강, 마음 등의 상태를 고려해 하나씩 삶 속에서 시도해 보기를 권한다.

3

초록으로
물드는,
느리게
흘러가는
아름다운 나의
일상을
위하여

"너를 너 밖에서 구하지 말라.
인간은 자기 자신의 별이다."

랄프 왈도 에머슨

도심에서 시작하는 '식물 일상' 프로젝트 1
아침 의식 morning ritual

아침 의식 ①

눈을 뜬다. 아침이다. 심장에 지그시 손을 얹는다. 눈을 감고 심장이 뛰는 것을 손바닥으로 느낀다. 쿵쿵쿵. 오른쪽 엄지로 맥박을 느끼며 가볍게 눌러 본다. 심장의 진동이 느껴진다. 콩콩콩. 내 심장은 열심히 단 한순간도 쉬지 않고 그 역할과 임무를 성실히 수행하고 있다. 손바닥을 심장 주변에 두고 숨을 깊이 들이쉬고 잠시 멈추었다가 깊이 내쉰다. 숨 쉬는 행위를 의식적으로 느껴 본다. 내 몸을 느낀다. 내 몸을 바라본다. 매일 아침 나는 내 몸으로 살고 있다는 사실을 의식한다. 그것이 중요하다. 내가 여기 이렇게 지금 살고 있다는 인식. 삶은 계속되고 있다. 내게 또 새로운 하루가 주어졌다.

아침 의식 ②

커튼을 젖히고 문과 창을 활짝 열어 놓는다. 새로운 아침의 햇살과 새로운 공기가 집안으로 들어와 순환하도록 활짝 열어 둔다. 겨울에는 추워서 자주 할 수 없지만 봄이 시작되면 작은 마당의 툇마루에 앉아 아침을 맞을 수 있어 좋다. 툇마루에 앉아 햇볕을 쬐고, 하늘을 올려다보고, 간간이 들리는 새소리도 듣고, 문 밖 골목길을 지나가는 사람들의 발자국 소리도 듣는다. 오감으로 아침을 맞이한다. 늘 찾아오는 동네 무법자 고양이가 지붕에서 내려와 옥상에서 골목으로 뛰어내리려 한다. 놈이 뒤를 휙 돌아본다. 눈이 마주쳤다. 잠시 무심히 나를 내려다보고는 관심 없다는 듯 철 대문 밖으로 가볍게 훌쩍 뛰어내린다.

아침 의식 ③

노트북에 스피커를 연결해서 소리를 크게 키운다. 파도소리, 빗소리, 바람소리, 새소리, 개 짖는 소리 등 내가 이곳저곳 다니면서 모아 놓은 소리들이다. 나에게는 여행을 하거나 새로운 곳을 가면 들리는 소리들을 녹음하는 버릇이 있다. 대부분 내가 있는 곳에서 감지할 수 있는 자연과 동물들이 만들어 내는 소리들이다. 사진이나 영상과는 사뭇 다르게 소리만이 전할 수 있는 정서가 있다. 전에는 아침에 잠에서 깨기 위해 음악을 크게 틀었는데, 지금은 이 자연스러운 소리들이 아침을 훨씬 활력 있게 만들면서 마음을 편안하게 해 준다는 사실을 깨달았다. 어느 섬에서 녹음한, 어둠을 깨우던 수탉의 우렁찬 소리는 매일 아침 기상 알람으로 쓰고 있다. 같은 물소리 새소리라도 나라마다 도시마다 그 느낌이 조금씩 다르다. '바이브'가 다르다고 할까. 광활한 인도양의 파도치는 소리, 영국의 농장에서 들리는 소의 '음메'하는 소리와 간간이 들리는 나이팅게일의 지저귀는 소리, 열대우림에서 들리는 이름 모를 새들의 격하면서 묵직한 지저귐과 폭포에서 우르르 쏟아지는 물소리, 계곡에서 졸졸졸 흐르는 물소리 등 집안이 자연의 소리로 가득 채워지면 이곳은 더 이상 서울 서촌의 한 골목에 위치한 작은 한옥이 아니라 시공을 초월한 묘한 공간이 되어 간다.

아침 의식 ④

뜨겁지도 차지도 않은 미지근한 물을 컵에 가득 따르고 레몬을 꼭 짜서 천천히 마신다. 15분 정도 밤새 굳어 있던 몸을 쭉쭉 펴 주는 '내 멋대로 스트레칭'을 한다. 다음은 샤워. 대체로 가벼운 샤워지만 피곤한 날이면 샤워기 아래에서 머리부터 발끝까지 비누 거품 마사지로 뭉쳐 있는 근육과 림프를 자극해 전신을 풀어 주고 혈액순환을 유도한다. 특히 두피를 부드럽게 자극해 뇌 세포 곳곳까지 원활히 혈액순환이 될 수 있게 해 준다.

아침 의식 ⑤

냉장고에서 어제 만든 신선한 스킨과 로션을 꺼낸다. 옥상에서 키운 라벤더와 페퍼민트·애플민트·박하·스피어민트, 이렇게 네 가지 민트를 우려서 만든 시원한 스킨 스프레이를 얼굴에 뿌린다. 그리고 다양한 약용 허브들을 중탕한 오일로 만든 로션을 얼굴에 발라 주면서 피부에 잘 스미도록 토닥토닥 두드려 준다. 가볍게 얼굴 마사지를 하면서 혈점들을 자극한다. 라벤더·민트와 함께 로션에 섞은 로즈제라늄 에센셜오일의 꽃향이 천천히 얼굴 피부에서 올라온다. 시더우드로 만든 공기정화 스프레이를 주변에 뿌리면서 지독히도 미를 탐하는 것이 틀림없는 '마더 네이처mother nature'가 만들어 낸 식물의 호르몬을 깊이 들이마신다. 1시간 반 정도 소요되는 나만의 아침 의식이 이렇게 끝난다. 이제 나의 향기로운 새로운 하루가 시작되었다.

도심에서 시작하는 '식물 일상' 프로젝트 2
'집업실' 또는 홈스튜디오

내가 4년째 서식하고 있는 곳은 경복궁 옆 서촌의 한 골목에 있는 66제곱미터 정도 되는 작은 한옥이다. 이 작은 한옥에는 3.3제곱미터 남짓한 작은 마당이 있고, 한쪽으로는 철계단으로 올라갈 수 있는 그보다 더 작은 옥상이 있다. 마당을 지나 두 번째 현관문을 열면 중앙에 긴 키친 테이블이 놓여 있는 작업실이 있고, 작업실 왼쪽으로는 숍이, 오른쪽으로는 다용도 목적으로 쓰고 있는 멀티룸 겸 거실이, 그 안쪽으로 개인 방이 있다. 작은 마당의 한편에는 3년째 6월이 되면 얼굴만 한 꽃을 활짝 피우는, 2미터에 육박하는 키 큰 나리 무리와 5년 된 블루베리, 박하와 애플민트, 페퍼민트, 아이비, 옥잠화, 행운목, 미나리가 있고, 일곱 개의 철계단 주변에는 무화과나무, 치자, 만리향, 히비스커스, 카라, 수국, 유칼립투스, 딸기, 바질이 자라고 있다. 그 철계단을 오르면 아주 작은 면적의 루프톱에 여섯 통의 텃밭상자가 있다. 상자 안에는 매해 조금씩 다르지만 식재료로 사용하는 방울토마토, 파, 케일, 상추, 파슬리, 세이지, 바질, 당귀, 고수 등이 자라고 화장품과 생필품 재료로 사용하는 라벤더, 로즈메리, 타임, 페퍼민트, 스피아민트도 자란다. 옥상에서는 서촌 한옥 골목의 기와지붕들과 인왕산과 북한산이 시원하게 내다보인다. 작은 1인용 정원과 옥상텃밭이다.

나는 오래 전부터 서울 사대문 안 한옥에서 살아보고 싶었다. 막연한 로맨티시즘으로부터 출발한 나의 희망사항이었다. 도시를 떠나지 못하는 도시인인 나는 일상생활을 하는 장소 곳곳에서 자연을 접하고 느끼며 사는 라이프스타일을 시도하고 싶었다. 그리고 이와 관련한 콘텐츠로 프로그램을 운영하고, 제로웨이스트숍을 열어 식물 원료로 만든 화장품과 자연친화적 제품을 만들어 판매하며 안정적인 소득을 발생시켜 나의 이 도심형 자연친화적인 삶을 지속가능한 구조로 만드는 것을 목표로 삼았다.

과거에 여러 예술·문화 영역에서 일했고, 기업의 문화기획 관련 업무에 참여했었기 때문에 이런 일을 벌이는 것이 익숙했음에도 불구하고 새로운 삶과 일을 기획하는 과정은 쉽지 않았다. 나는 이 이 시도를 우선 '도심에서 시작하는 식물 일상 프로젝트 BBL House'로 부르기로 했다. BBL은 'Bontanic Beauty & Life'의 약자로 '보태닉 라이프'는 식물들과 친밀한 관계를 맺는 삶이며, 식물과 유기적인 관계를 맺으며 자연스럽게 회복되는 치유의 삶을 뜻한다. 하우스는 집이라는 공간에서 모든 것이 가능한 삶, 거주지이며 동시에 일하는 공간, 즉 작업실이고 사무실인 '집업실' 또는 집무실을 의미한다. 나에게는 비비엘하우스가 일종의 공간空間 실험인 셈이다. 보태닉 뷰티, 비건화장은 이런 삶 속에서 표현되는 행동양식이다. 이 프로젝트의 주요 실천 사항은 여러 식물들을 키우며 함께 살기, 화장품과 피부에 닿는 모든 생필품을 식물에서 유래한 재료만 사용해 내 손으로 직접 만들기, 쓰레기를 최소한의 양으로 배출하기, 재활용과 재사용하기, 불필요한 소비하지 않기, 그리고 이 모든 것을 연구하고 관찰하기 등이다.

공간의 바깥은 텃밭과 정원으로 만들었고 내부는 작은 식물원, 나만의 작은 어반정글urban jungle을 만들었다. 땅을 만지고 안과 밖의 식물들과 함께 사계절을 살아가고 싶었다. 그리고 이 공간이 내가 먹고 바르고 쓰는 채소와 허브 등 각종 식물을 기르는 곳이 되게 하고 싶었다. 그래서 텃밭에서 화장대까지 이어지게 하는 것이다. 나는 단순한 소비품을 만들지 않는다. 이 일은 매일매일 일상생활 속에서 자연과 더불어 살고자 하는, 내가 추구하는 '보태닉 라이프'의 중요한 부분이자 생각에만 머물지 않고 행동하는 실천의 일환이다.

집업실의 운영은 다음과 같다. 일하는 시간은 오전 11시부터 저녁

6시까지다. 오전 9시 반부터 이 공간은 사무실겸 랩lab이며 식물 원료로 화장품을 만드는 스튜디오가 된다. 그날의 날씨와 감정 상태, 업무의 종류에 따라 작업실과 사무실을 정한다. 앞마당, 옥상, 키친 테이블, 숍, 멀티룸을 이리저리 옮겨다니며 일을 한다. 이 글을 쓰고 있는 지금은 5월의 봄빛이 좋아 앞마당에 나와 있다. 출근해서 제일 먼저 하는 일은 작업용 앞치마를 입는 것이다. 일곱 종류의 앞치마 중 하나를 고른다. 앞치마 예찬론자인 나는 1주일 동안 매일 다른 앞치마를 입고 싶은 마음에 가끔 사치를 부려 보기도 한다. 앞치마를 입는 것은 일종의 신호이며 나만의 의식이다.

차나 커피를 만드는 동안 랩lab 작업대 앞에 앉아 잠시 스피커에서 흘러나오는 자연의 소리를 듣는다. 음료를 마시며 일정과 우선순위를 정하는 등 오늘 하루 해야 할 일을 점검하고 청소를 시작한다. 스튜디오 안과 마당에 있는 식물에게 물을 주고 옥상으로 올라가 상자텃밭에서 크는 채소의 상태를 점검하고, 그날그날 필요한 분량의 채소를 딴다. 안으로 들어와 숍의 조명을 켜고 문 앞에 화분들을 갖다 놓는다.

스튜디오에서는 비건화장 DIY 워크숍을 자주 연다. 외국인을 위한 비건화장 DIY 영어 워크숍도 여는데, 한번은 남편 직장 때문에 2년 이상 서울에서 살고 있는 영국·남아프리카공화국·노르웨이에서 온 사람들이 찾아왔다. 얼굴 관리 화장품과 불면증에 도움을 주는 오일 메이킹 DIY 프로그램을 진행하기로 했다. 지난 번 방문에서 피부 타입과 개선하고 싶은 피부 트러블, 선호하는 향, 혈압과 알레르기 여부 등 필요한 사항들을 체크해 놓은 상황이라 세 명의 참가자들에게 적합한 각각의 화장품 포뮬러를 만들었다. 포뮬러 내용을 출력하고 유리 비커와 크림을 담을 유리 용기, 온도계, 저울, 스패출러 등 화장품 DIY 제작에 필요한 도구들을 자외선 살균소독기에서 꺼내고 식물성 에탄올을 뿌려 소독했다. 그리고 냉장고에서 필요한 재료들을 하나씩 꺼내 테이블 위에 늘어놓았다. 아토피성 피부인 참가자를 위해서 숙성시켜 놓은 카렌듈라를 우린 호호바오일과 한방 약초추출물도 내어 놓았다. 이렇게 외국인들에게 한국식 비건화장을 경험하게 하는 것은 또 다른 즐거움이다.

마당의 민트가 무성하기에 좀 따고, 옥상에서 바람에 흔들리는 라벤더가 예뻐 보여 잠깐 올라가 잎을 매만지며 손에 묻은 그 향을 맡아 보기도 한다. 이곳에서는 스치는 감정, 생각과 행위, 이곳을 찾는 사람들과 함께하는 시간, 이 모든 것이 프로젝트의 주체이자 과정이며 목적이다. 일과 놀이가 하나이고, 손님은 친구가 되고, 사람들이 모인 곳은 함께 '힐링'을 경험하는 공간이 된다. 그리고 이 프로젝트의 목표는 자연결핍장애를 겪고 사는 도시인들에게 식물과 함께 사는 '보태닉 라이프스타일'을 제안하고 점점 둔해지는 오감을 회복시켜 주는 '야성 재생'이다.

오늘의 일하는 공간은 스튜디오의 숍이다. 새해에 출시할 화장품과 관련된 계획을 점검하고 어지럽게 엉켜 있는 생각과 마음을 정돈할 곳이 필요했는데, 결국 내 삶의 현장인 여기가 제격이다. 밖은 춥고, 빛은 환하고, 실내는 식물들의 녹색으로 물들어 있고, 바닥은 따뜻했다. 백합의 강한 향과 엷게 배어 있는 샌들우드 향 분자들이 어우러진 이국적인 향이 공기를 떠돌고 있었다. 음악은 1989년 짐머만과 빈필하모닉오케스트라가 연주한 베토벤피아노협주곡 5번 Eb major. Op.73. 이런 오감 만족이라니! 나는 이곳에서 지극히 사적인 취향을 만족시키는 나만의 럭셔리를 즐기고 있다.

도심에서 시작하는 '식물 일상' 프로젝트 3
서촌, 한옥, 그리고 골목

햇빛이 따사로운 계절이 시작되면 점심 후 한 시간 정도 서촌을 한 바퀴 돌며 산책을 한다. 스튜디오에서 5분 정도 걸어가면 인왕산이 시작된다. 인왕산은 다른 산들이 그러하듯 식물을 비롯해 수많은 생명들의 삶과 죽음이 있는 또 하나의 우주다. 장엄한 한 편의 시다. 봄에는 온갖 다양한 종류의 식물들이 겨울을 이겨 내고 산 곳곳에서 새싹을 밀어올리고 있음을 느낄 수 있다. 그럴 때면 산에 올라 온갖 식물들이 뿜어내는 생명의 기운을 폐부로 깊게 들이마셔 내 오장육부에 깊숙이 담는다. 이렇게 집 뒤에 아름다운 산이 있다.

'서촌 라이프'의 놀라운 점은 사계절을 온전히 느끼며 살 수 있다는 것이다. 봄에는 햇빛을 받으며 분홍빛 꽃이 흐드러지게 핀 벚나무가 울창한 거리를 걷는다. 영적인 기운이 느껴지는 350여 년 된 회화나무 근처의 벤치에서 한참을 앉아 있기도 하고, 거대한 은행나무 옆에서 서울의 야경을 잠시 내려다보며 커피를 마시기도 한다. 여름에 수성계곡에 물이 차면 만사 제치고 책 한 권 들고 산으로 뛰어 올라가 발을 담그고 태양욕을 즐긴다. 달이 훤하게 비치는 만월의 밤에는 동네 친구들과 와인이나 막걸리 한 병, 모기향을 들고 산으로 들어가 월주담화月酎談話도 즐긴다.

가을에는 포도가 주렁주렁 달린 포도넝쿨 골목을 산책하고, 골목마다 숨은 듯 자리한 한옥 갤러리에서 오래 전 서촌에서 활동했었던 작가들의 삶과 작품을 만나기도 한다. 겨울에는 눈이 수북이 쌓인 마당, 집 앞과 스튜디오 앞 골목길을 눈이 얼기 전에 후다닥 빗자루로 쓸어 주어야 한다. 그리고 옥상과 마당에 살고 있는 식물들을 집안으로 들여 햇빛이 들어오는 곳곳에 각자의 자리를 잡아 주어야 하며, 밖에서 겨울을 나야 하는 식물들은 짚으로 덮어 주어야 봄에 긴 겨울잠에서 깨어날 수 있다. 이곳으로 오기 전에는 겨울마다 우울증을 달고 살았었는데, 한옥살이는 할일이 많아서인지 그럴 새가 없다.

산 근처에 위치한 한적하고 운치 있는 오래된 골목들은 마치 미로처럼 이리저리 다른 골목길로 인도한다. 그렇게 걷다 보면 막다른 길도 종종 만나는데, 걷는 동안 조용히 생각을 닫고 귀를 열어 두면 다양한 새들의 지저귐도 들을 수 있다. 이곳으로 오기 전 골목은 그저 목적지에 가기 위한 통로 역할에 지나지 않았다. 서촌의 한 골목 안에 위치한 한옥에 살면서 땅을 가까이 접하며 살다 보니, 내가 사는 골목과 동네의 길들이 문득 내 삶의 한 축으로 자리 잡고 있다는 사실을 깨닫게 되었다. 대문 밖 골목을 걷는 사람들의 신발 소리, 나이든 이들의 지팡이와 신발이 질질 끌리는 소리, 아이들이 쿵쾅거리며 뛰는 소리, 쓰레기 수거 카트의 바퀴가 끌리는 소리, 또각또각 하이힐 소리, 그리고 지붕 위를 놀이터처럼 뛰어다니는 고양이가 옥상에서 대문 밖으로 뛰어 내리는 소리, 관광객들이 만드는 신발들의 행진 소리 등 골목이 내는 소리들이 들리기 시작했다. 귀가 민감해졌다고나 할까. 낮에는 어린 자식들에게 한옥이 무엇인지 설명하는 부모들의 상냥한 음성도 들리고, 한옥 골목에 감탄하는 외국인들의 탄성소리도 들린다. 늦은 밤에는 골목길을 걸으며 데이트를 하는 젊은 연인의 은밀한 대화와 술에 만취한 누군가의 갈지자로 걸어가는 걸음소리가 들린다. 가장 거슬리는 건 골목에 침을 뱉는 소리, 경박한 웃음소리, 좁은 골목길에 기어코 주차하려는 양심 없는 차가 진입하는 소리와 차 시동 거는 소리, 싸우는 소리들(사람과 사람, 개와 개, 고양이와 고양이, 개와 고양이). 이런 소리가 들린다는 게 당황스럽기는 하지만 흥미롭기도 하다.

골목과 관련한 기억 몇 가지가 문득 떠오른다. 20여 년 전 쯤, 베네치아 여행을 할 때 골목길을 걷다가 길을 잃어버렸다. 날은 빠르게 어두워지는데 인적도 없는 타지의 미로 같은 오래된 도시의 골목길에서 혼자 길을 헤매자니 순간 두려움이 엄습했다. 그때 오래된 건물들의 열려 있는 창문들 너머로 빨래 줄에 걸린 빨래들이 보였다. 관광지와 꽤 떨어져 있는 주민들이 거주하는 지역이라 그들이 사는 모습이 보였다. 왠지 마음이 편해지면서 이 골목이 다음 골목과 어떻게 이어질지, 이 골목에는 무엇이 있을지 호기심이 생겼고, 그냥 맘 편하게 길을 잃었던 기억이 난다. 이곳 서촌은 그런 골목들이 있어서 좋다. 요즘은 다른 지역으로 가게 되면 이 길은 이 골목은 어떤 모습일까 궁금해지기도 한다. 그 길 또는 그 골목의 정경이라고 해야 하나. 골목 끝에 '뭐가 있을까'라는 생각이 드는 게 아니다. 그냥 골목 그 자체가 궁금해지는 것이다.

서촌에는 식물을 사랑하는 사람들이 서울의 다른 어느 지역보다 많이 살고 있는 것 같다. 대부분의 주택 앞, 집안 마당과 옥상에 많은 식물들이 살고 있다. 주택뿐만이 아니다. 대부분의 가게 앞에도 화분들이 쭉 늘어서 있다. 카페와 음식점은 물론 부동산 앞에도, 구두 수선집 앞에도, 철물점 앞에도, 카센터에도 화분들이 가득 놓여 있다. 정원사나 플로리스트에 버금가는, 감각이 뛰어난 숨은 고수들이 살고 있는 이 '서촌 골목 정원'을 구경하는 재미가 크다. 이렇게 서촌 골목에는 식물 냄새가 곳곳에 스며 있다. 비가 오는 날이나 비가 온 뒤에는 그 냄새가 공기에 밀도 있게 스며 있어 점성이 느껴질 때도 있다. 한여름 가랑비가 내리는 오전에는 인왕산 숲에 머물며 숲의 냄새를 맡는다. 소나기가 지나간 후에는 인왕산 자락과 골목들을 쿵쿵대며 걷는다. 거친 소나기가 내리는 날에 맡을 수 있는 냄새는 비·나무·허브·꽃의 향이 함께 뒤엉켜 나는 열대우림의 짙은 향을 떠오르게 한다. 가슴 언저리에서 이유 없는 아릿아릿한 그리움도 잠시 올라온다. 나는 오랫동안 둔해졌던 내 몸의 원초적인 감각들을 되살리고 있는 중이다. 서울 도심의 한복판에서 이런 일이 가능하다는 사실이 놀랍다.

내가 지금 살고 있는 이 한옥은 어린 시절 잠시 살았던 이후 내 인생 두 번째 한옥이다. 마룻바닥에 누워 천장을 올려다보면 서까래가 어느 생명체의 쭉 늘어져 있는 갈비뼈 같아 보이고 그 흉곽 안에 나와 집기들이 들어앉아 있는 것 같다. 모 TV프로그램 출연자인 미국인 마크 테토가 한옥에 살면서 느낀 깊은 애정을 표현하며 "한옥은 일보일경—步—景"이라고 말하는 것을 들은 적이 있다. 말 그대로 '한 걸음 걸을 때마다 하나씩 보인다'는 의미로, 한국 전통 건축의 가치를 제대로 표현했다고 생각한다. 한옥은 매번 새롭다. 어느 곳에 있어도 좋고 아름답다. 시간 가는 줄 모르고 그저 가만히 앉아 있어도 좋다. 때로는 긴 여행 중인 느낌을 받기도 해서 휴가를 위해 다른 곳으로 떠날 마음이 생기지 않는다. 한옥 그 자체가 힐링을 경험하게 한다. 이곳을 방문하는 사람들도 잠시 쉬어 가는 느낌이라고 말한다. 전통 가옥의 매력은 어떤 트렌디한 건물도 따를 수 없다.

그러나 이곳 서촌에 있는 소중한 한옥과 근대 가옥들이 사라지고 있다. 그리고 그 자리에 4~5층 높이의 현대식 건물들이 지어지고 있다. 참으로 안타까운 일이다. 건물주는 이 손이 많이 가고 번거로운 한옥보다는 같은 평수에 몇 층짜리 건물을 보기 좋게 지어 집세를 더 받고 싶겠지만, 한 채 한 채 없어지고 새로운 건물이 그 자리에 들어서는 것을 보면 마음이 쓰리고 아깝고 아쉽다. 더 이상 한옥을 없애지 않았으면 좋겠다. 제발!

한국 전통 철학에 '비보'라는 것이 있다. 풍수에서도 사용하는 방법으로 자연을 인간의 편리에 맞추어 개조는 하지만, 자연을 훼손하지 않고 자연의 흐름에 맞추는 것을 의미한다. 아무쪼록 이곳에서 이루어질 나의 일상과 내 삶이 '비보'스럽기를 간절히 바라고 있다.

도심에서 시작하는 '식물 일상' 프로젝트 4

식물중독자를 위한 1인용 정원과 가드닝

작은 앞마당에 2미터 이상 키가 자라는 백합과 식물인 나리(백합의 순우리말) 무리가 자란다. 매해 6월이면 되면 사람 얼굴만 한 크기의 하얀색 꽃과 진분홍색 꽃을 피워 앞마당과 골목 저 밖까지도 향이 진동하게 한다. 3년 전 우연히 시장에서 구근을 몇 개 사와서 심어 놓았는데, 지금은 제일 아끼는 식물이 되었다. 그 크기와 진한 향으로 볼 때 오리엔탈계의 백합이다. 매해 6월이 되면 입에 침이 고이게 하는 진분홍색 꽃과 관능적인 그 향을 기다린다. 특히 비가 오는 날은 향이 더 깊어진다. 어느 날은 한밤중에 들리는 빗소리와 열어 둔 창으로 흘러 들어오는 진한 나리의 향에 문득 잠이 깼다. 커튼을 젖히고 그 향기를 천천히 호흡하며 마셔 보았다. 향이 온몸

구석구석에 닿도록 오래 숨을 참았다가 천천히 내쉬었다. 그리고 다시 또 깊게 들이 마셨다. 이 향기를 고이 담아 몸 어딘가에 담아 둘 수 있다면 얼마나 좋을까. 또는 사진처럼 찍어 두었다가 원할 때마다 그 향을 맡을 수 있다면 더할 나위 없을 텐데. 꽃은 지고 사라져도 두고두고 그 향을 조금씩 펼쳐 맡을 수 있다면 좋을 텐데. 밀폐된 방 안 가득히 백합을 빼빽이 놓고 그 향기 때문에 자다가 죽음을 맞는 영화가 있었다. 가장 이상적이고 향기로운 죽음의 방법이겠지만 꽃의 향기로 죽는 것은 과학적으로 불가능하다. 오늘 밤은 그 향이 더욱 깊다. 향기에 취해 잠이 완전히 깼다. 백합의 치명적인 유혹은 당할 재간이 없다.

식물을 잘 키우는 방법이 뭐냐고 묻는 분들이 있다. 식물 키우기가 쉽지 않다고 하고 정성을 들여서 가꿔도 오래 살지를 못한다고들 한다. 심지어 식물이 본인과는 맞지 않는 것 같다고 말하는 이도 있다. 그럴 리가 있겠나? 식물과 맞지 않는 사람은 없다. 관심과 적절한 행동이 요구될 뿐이다. 인생의 다른 모든 것과 같은 맥락이다. 나는 천성이 부지런한 사람이 아니다. 사실 심하게 게으르다. 이 책도 4년 가까이 게으름을 피우며 놀며 썼고(긴 시간 기다려 준 출판사에 감사할 따름이다), 숍도 간판은 오래 전에 달아 놓았는데 이런저런 프로젝트들을 하면서 더 놀고 싶어 본업인 화장품 사업을 지금까지 미루고 있다. 내가 보여 주었던 예전의 삭막한 삶과 게으름을 아는 이들은 이곳에서 내가 살아가는 모습과 식물들이 잘 자라고 있는 모습을 보고 놀라워하기도 한다.

나의 팁을 말하자면 이렇다. 일단 흙 만지는 일이 즐거워야 한다. 나에게는 정원 일이 흙과 식물과 노는 행위이지 노동이 아니다. 누구에게 보여 주려고 하는 것도 아니고 내가 좋아서 내가 즐겁기 위해 하는 일이다. 우리 집 식물은 집을 장식하기 위한 도구가 아니다. 함께 사는 반려식물, 즉 벗이다. 흙이 위생적으로 문제가 있다고 생각하는 사람이 있다면 본인의 무지함을 탓해야 한다. 우선 키우고 싶은 식물들을 선택한다. 그리고 그 식물에 관한 정보를 수집하며 공부한다. 예를 들면 음지식물인지 양지식물인지, 얼마만에 물을 주어야 하는지, 주의사항은 무엇인지 등의 기본 지식을 알아야 한다. 그리고 그 식물을 키울 공간을 이해해야 한다. 채광, 습도, 통풍 등 그 공간이 식물을 키우기에 적합한지, 다른 대안은 없는지 등도 알아야 한다. 키울 공간이 여러 측면에서 그 식물에 적합하지 않으면 나도 욕심을 접는 편이다. 환경이 맞지 않으면 식물이 살기 어렵다. 그렇게 식물의 종류가 결정되면 다음은 일상 속에서 자연스럽게 돌볼 수 있는 식물인지, 아니면 무리해야 하는지, 즉 내가 할 수 있는 범위를 판단하고 결정해야 한다. 이곳의 식물들은 햇빛이 하루 종일 잘 드는 옥상, 하루 반나절 해가 들어오는 앞마당, 북향이라 햇빛이 잘 들어오지 않는 실내, 실내에서도 햇빛이 들어오는 장소와 시간대 그리고 바람이 지나는 길을 파악해서 곳곳에 각 식물의 성향에 맞게 배치되어 있다. 물론 여건이 안 되는데 꼭 곁에 두고 싶어 시도하는 경우가 있다. 그런 경우 대부분 오래 견디지는 못하지만 간혹 힘든 환경에서도 꿋꿋이 살아남는 식물들이 있어 그 놀라운 생명력에 감동하고 용기를 얻기도 한다.

서촌에서 보낸 첫 해에는 '식물 선수'인 주변 지인들의 도움으로 마당을 다 갈고 뒤집어 건강한 흙을 함께 섞어 준 후 식물들을 식재했고, 옥상도 정비를 한 후에 텃밭 박스를 놓았다. 첫해에는 실수도 많이 하고 채소 수확량도 많지 않았다. 한번은 계단에서 내려오면서 발을 헛디뎌 떨어져 머리를 여러 바늘 꿰매기도 했다. 이듬해에는 나름 자신이 생겨 마당 가득, 옥상 가득, 집 안 가득 발 디딜 틈도 없이 욕심껏 꽉꽉 식물로 채웠다. 키우고 싶은 식물들은 다 키워 보고 싶어서 각 식물들의 적합한 환경을 생각하지 않고 눈에 보이는 대로 구입해서 여기저기 내 눈에 보기 좋게 두었더니 여러 식물들이 곧 시들어 죽었다. 세 번째 해에는 나도 편하고 함께 사는 식물들도 많이 편해졌다.

그렇게 두 해의 사계절을 지난 식물들은 알아서 봄이 되면 새싹을 피우고 꽃을 피우고 스스로 풍성해진다. 나는 그저 필요한 부분만 할 뿐이다. 특히 겨울에 할일이 많다. 한옥의 겨울맞이 준비는 꽤 손이 많이 간다. 이처럼 작은 한옥일지라도. 아직 가을빛이 이렇게 눈부신데 벌써 겨울이 코앞에 다가왔다고 느끼는 순간이 온다. 겨울의 한옥은 춥다. 우선 마당의 식물 벗들을 집 안으로 들여놓을 준비를 해야 한다. 마당과 옥상에 사는 여러 종류의 허브와 예쁜 꽃을 피우는 화분, 과실수 중 집안으로 들일 식물들과 밖에서 견뎌낼 식물들을 구분한다. 실내로 들어갈 식물들을 흙속에서 하나씩 하나씩 조심조심 꺼내어 화분에 옮겨 심고 실내에 자리를 잡아 준다. 꽃이 아름다운 식물이 있고 꽃 보다 잎이 아름다운 식물도 있는데, 실내에 들여 놓은 잎이 아름다운 식물들은 그 풍요로운 색감으로 모노톤의 겨울을 그린톤으로 만들어 준다. 밖에서 겨울을 나야 하는 과실수나 예쁜 꽃이 피는 나무들은 짚을 잘 덮어 주어 얼지 않고 월동할 수 있게 해 주어야 한다. 그리고 기다리고 기다려 봄빛이 가득한 어느 날 마침내 햇빛을 맞게 해 주려 짚을 죄다 젖히면 벌써 꼬물꼬물 어린 새싹들이 여기저기서 돋아나고 있는 것이 보인다. 기특해서 절로 작은 신음이 새어 나온다. 그렇게 추운 겨울을 지난 식물들은 새로운 계절을 맞는다.

식물들과 함께하는 시간은 충만하고 평화롭다. 초록색을 보고 만지고, 그 향을 코로 들이마시는 순간에는 시간의 흐름이 잠시도 느껴지지 않는다. 생각해 보니 나이 들어 어느 날 갑자기 식물이 좋아진 것이 아니다. 아차산은 어린 시절 자주 학교 소풍을 가던 곳이었다. 그때도 친구들과 함께 어울리기보다 따로 꽃구경을 하는 게 좋았다. 보물찾기는 하지 않고 인적이 없는 들판에서 혼자 꽃목걸이도 만들고, 꽃반지도 만들고, 낮잠을 자기도 했다. 용인의 에버랜드가 자연농원이던 시절 꽃축제에 놀러 간 적이 있었다. 그곳에서 식물을 돌보는 정원사들을 보며 예쁜 꽃들과 함께 매일 일하면서 돈도 번다니 세상에서 제일 행복한 직업이라고 친구에게 말했던 기억도 있다. 오랜 시간이 흘러 결국 나는 그와 비슷한 일을 하고 있다! 내 어린 시절 꿈이 이루어진 것이다.

오늘 앞마당에는 손님들이 많다. 벌도 날아오고, 나비도 날아오고, 새도 날아왔다. 새가 꽃을 넣어 두려고 사 놓은 새장 안으로 어떻게 들어왔는지 그 안에서 퍼덕거린다. 조심조심 새장을 들어 올려 새를 날려 보낸다.

도심에서 시작하는 '식물 일상' 프로젝트 5
내게 영감을 주는 식물중독자들

가을 채소들을 키우려고 텃밭의 땅을 죄다 갈아엎은 적이 있다. 그 일은 좋은 친구의 도움으로 생각보다 손쉽게 진행되었다. 어느 날 이른 아침, 몸을 움직여 밭에 가 보니 그동안 나의 부재로 손길을 받지 못해 텃밭이 작은 정글이 되어 있었다. 텃밭에 살고 있는 생명력 강한 이름 모를 풀들을 바라보고 있자니 미안하고 안쓰러운 마음이 들어 작은 소리로 '미안하다'고 사과를 한 후에 낫을 들었다. 기다란 사각형의 땅에 김장용 배추와 무, 파, 시금치, 부추를 1차로 심었다. 호미로 땅에 길고 작은 직선들을 그어 이랑과 고랑을 내고 모종을 심고 씨를 뿌렸다. 그리고 땅을 가볍게 토닥토닥해 주며 숨을 잘 쉬라고, 잘 자라고 말해 주었다. 오랜만에 땅을 만지고 노동을 하고 나니 기분이 좋아서 친구인 이탈리아 여행가 L에게 텃밭 사진을 보내 주었다.

    나   이 사진 좀 봐! 오늘 계획한 대로 땅을 갈고 유기농 퇴비를 뿌렸고 씨뿌리기까지 완료!
    L   열심히 했구나. 그런데 왜 사람들은 언제나 모든 것을 사각형에 다 넣으려는 걸까? 네 텃밭을 여러 개 점이 모여 있는 형태로 해도 좋았을 것 같은데. 둥근 모양으로 할 수도 있잖아?
    나   뭐? 어떻게 하라고?
    L   예를 들면 이렇게 말이야.

그가 그려 보낸 메모에는 직선이 아닌 원형 텃밭이 있었다. 중앙에 큰 원이 있고 주변으로 작은 원이 여러 개 있는 그런 텃밭 말이다.

    나   아, 그렇게도 할 수 있겠구나. 오후 내에 텃밭 작업을 끝낼 생각만 하고 있어서 그런 건 생각해 보지도 못했어.
    L   인생에는 단순히 직사각형만 있지 않아.
    나   알고 있는데, 자주 잊어버려.
    L   잊어버린다는 건 네가 그걸 느끼지 못한다는 거야.

그리고 그건 생각의 차원이 아니야. 생각은 그 다음
과정이야.

나 맞아.

그리고 다시 텃밭을 바라보니 나의 텃밭과 주변의 모든 밭들이 직선으로만 되어 있었다. 주입된 사고방식이 여기에도 고스란히 드러나고 있었다. 아마도 이 직선의 형태가 땅을 빈틈없이 가장 생산적으로 쓰는 방법일 지도 모르겠다. 하지만 작은 점들이 연결되어 있는 듯한 원형의 텃밭뿐만 아니라 삼각형, 별 모양 등 온갖 다양한 모양의 텃밭들이 눈앞에 펼쳐져 있는 땅은 상상만으로도 즐거웠다. 텃밭을 채소 자급자족을 위한 정원이자 놀이 현장으로 만들고자 했었는데, 언젠가부터 열매 수확이라는 결과에만 관심을 갖고 텃밭을 수단으로 만들어 버린 건 아닌지 반성하게 되었다. 모든 과정이 또 일이 되어 버려 제대로 즐기지 못하고 있다는 사실도 깨닫게 되었다.

나 네가 말한 대로 동그란 텃밭 형태 참 좋은 것 같아. 삼각형, 별 모양 그리고 다른 다양한 모양도 시도해 보고 싶어.

L 그렇게 해 봐. 그런데 별 모양은 아니야.

나 왜 별 모양은 별로야?

L   효율적이지 않아. 그렇게 하면 채소들을 많이 수확할 수 없잖아.

나   오케이!

원형도 사실 효율적이지는 않다. 자투리땅이 많이 생길 수밖에 없으니까. 그러면 수확량 욕심을 내려놓고 자투리땅을 그대로 두거나, 작물과는 직접 상관이 없을 수 있지만 다양한 허브와 꽃이 아름답게 피는 식물을 그곳에 심으면 된다. 그 식물들이 작물에 해를 끼치는 벌레가 못 오게 하는 역할을 해 줄 수도 있다. 그저 보는 것만으로도 즐거운 나만의 텃밭을 만들면 된다. 동그라미·세모·별 모양의 텃밭-꽃-허브 정원! 뭐라고 이름 짓건 그것도 내 맘이다.

직업이 아니어도 꽃과 식물에 빠져 사는 식물중독자들은 많다. 매년 전국에 야생화가 피는 때가 되면 꽃 사진 찍기 여행을 떠나는 문화재 수리 기능 보유자인 한옥 목수가 있다. 2월 말부터 볼 수 있는 복수초를 시작으로 늦가을 10월 물매화까지, 8개월 동안 꽃이 피는 시기를 기다렸다가 꽃 사진을 찍으러 다닌다. 한 해 100여 종 이상, 운이 좋을 때는 200여 종 정도의 야생화들을 찾는단다. 그가 가장 사랑하는 야생화는 이른 봄에 겨울 눈 속에서 피는 복수초다. 비바람이 모질게 불어와도 꼿꼿하게 서 있고, 아무 생명도 살 수 없을 것만 같은 바위틈에서 꽃을 피워 내는 걸 보면서 힘을 얻는다고 했다. 빛이 비치면 영롱한 무지개 색깔을 보여 주는 순백색 물매화의 작은 꽃 수술에 맺힌 이슬 이야기는 상상만 해도 아름다웠다. 우리나라의 경우 붉은색 꽃을 피우는 야생화가 거의 없다는 이야기, 발레리나가 토슈즈를 신고 있는 모습 같다는 길마가지나무의 꽃 등 그는 자신이 본 식물에 관한 이야기를 해 주었다.

가장 신기했던 것은 버섯 이야기였다. 8월에 볼 수 있는 망태버섯은 알처럼 포자주머니가 서너 시간 만에 피어 20분에서 30분이 지나면 삭아 없어지고 포자만 남는다고 한다. 녹아 없어진다고? 생성과 소멸을 한 번에 볼 수 있는 것이다. 그의 철칙은 보기만 할 뿐 절대 건드리지 않는 것이라고 했다. 훼손을 하지 않는다면 꽃들은 매년 그 시기에 피어나 계속 볼 수 있는 기쁨을 누릴 수 있게 해 줄 테니.

오늘은 비건화장 DIY클래스에서 번 돈이 생겨 그 돈을 들고 휘적휘적 단골 동네 꽃집으로 갔다. 네 살 된 개 가을이가 무심히 맞아 주는 사랑스러운 곳이다. 오늘은 페어리스타를 양손 가득 샀다. 꽃집 주인장이 잘 건조시킨 흰 들꽃 다발도 선물로 주었다. 최근 지인에게 빈티지 주전자를 구입했는데 꽃다발을 그 안에 꽂아 보니 운치도 있고 좋다. 내용물과 그걸 담은 그릇이 서로 합이 맞으면 보는 사람이 아름다움을 느낄 수 있다. '미'란 그렇게 쉬우면서도 쉽지 않다. 조화로운 '합'을 만들어 내기가 쉽지 않기 때문이다. 우리 인간이 노력하여 만든 문화와 예술이 무심히 핀 들꽃 한 송이의 아름다움에 비할 수 있을까. 그래도 그렇게 안간힘을 쓰고 살아야 하는 것이 우리 인간의 숙명이니 어쩌겠나. 또 다시 나는 할일은 안하고 이렇게 나만의 꽃놀이에 빠져 넋을 놓고 있다.

┌─────────────────┐
│ 글을 마무리하며 │
└─────────────────┘

먹다
바르다
입다
소비하다
버리다
일하다
잘 살다
죽다

책을 쓰며 앞에서 나열한 이 동사들에 관한 생각을 계속 했고, 오늘도 이 동사에 관한 생각을 한다. 우리 모두는 살면서 화장이 필요할 때가 있다. 얼굴 화장은 물론 집 화장인 청소와 인테리어, 도시 화장인 도시정비와 도시개발, 그리고 인생 화장까지. 얼굴에 화장을 하듯이 인생도 화장이 필요할 때가 있다. 내가 생각 없이 습관적으로 하고 있던 모든 행위, 생각, 단어 들이 문득 낯설게 느껴지며 다시 바라보게 되는 순간들이 오면 인생 화장이 필요한 챕터가 펼쳐진 것이다. 먹는 것, 바르는 것, 입는 것, 소비하는 것, 버리는 것, 일하는 것 그리고 잘 사는 것과 죽는 것에 관한 고찰이 다시 시작된다. 군더더기를 제거하고 본연의 아름다움을 찾는 과정이다.

나는 그랬다. 그냥 사는 것 말고 잘 사는 것. 잘 산다는 것은 어떻게 사는 것일까? 사실 특별한 것은 없다. 생존과 관련된 기본 욕구인 수면, 음식물 섭취, 배설 이 세 가지가 규칙적이고 원활하게 이루어지는 하루하루를 살 수 있다면, 우리의 정신과 육체의 건강은 자연스럽게 따라올 것이다. 우리의 몸과 마음은 유기적으로 연결되어 있고, 감정이라는 본능의 지배적인 영향력에서 벗어날 수 없다 보니(심리·영양·인체생리학의 중요성과 상관관계를 굳이 논하지 않더라도) 세 가지 기본 욕구를 잘 관리해 주면 기본 감정도 따라서 편해지지 않겠는가? 하루 7~8시간 정도 매일 규칙적인 시간에 자고, 자신이 정한 시간에 영양분이 골고루 들어 있는 균형 잡힌 적당량의 식사를 하고, 섭취한 음식으로 몸을 부지런히 움직여 에너지를 잘 소모하고, 소화되지 않은 것은 규칙적으로 잘 배설하는 일. 상하수도 시스템이 잘 갖추어져 있는 몸을 가지고 있음에도 불구하고 많은 현대인들은 이런저런 이유로 그 일을 잘 해내지 못하고 있다. 몸이 편하면 마음이 편해지고 그 다음 과정들도 자연스럽게 따라와서 소소하지만 중요한 일상생활을 무리 없이 할 수 있게 된다. 먹었으면 치우고, 어지럽혔으면 정리하고, 더러워졌으면 씻고 빨고, 좋아하는 일을 해서 필요한 만큼 돈을 벌고, 좋은 사람들과 시간을 함께하고. 그렇게 자연스럽게 그 다음이 따라온다. 원하는 결과가 나오지 않는다면 다른 방법으로 다시 시도하면 된다.

자연과 다시 관계 맺기

당연한 것들이 이루어지려면 몇 가지가 선행되어야 하는데, 이렇게 되려면 자연친화적인 생활이 필수다. 우리는 자연을 바라보는 관람객이 아니고 자연의 일부이기 때문에 자연에서 멀어질수록 삶이 복잡해진다. 그리고 질병과 가까워진다. 원래 집을 떠나 살면 힘든 법이다. 리처드 루브는 《지금 우리는 자연으로 간다》에서 어떤 형태든 우리를 둘러싸고 있는 생명들 속에서 의미를 찾아내는 능력이 떨어진 상태를 '자연결핍장애'라 정의했다. 그는 자연과 다시 관계 맺기를 시작한다면 우리의 삶은 더욱 풍부해질 수 있다고 말한다. 우리는 모두 '비타민N Nature'을 처방받을 필요가 있다. 지금 바로 각자의 비타민N을 찾아야 한다.

지적인 의식을 가지고 산다는 것

그리고 이 만연한 소비주의와 물질만능주의에서 벗어나 탐하는 마음을 비울 필요가 있다. 과하게 육체적 쾌락을 추구하다 보면 고통이 따른다. 어디에 우선순위와 가치를 둘 것인가를 점검하게 되면 소비유형과 규모는 그것에 맞춰지기 마련이다. 다큐멘터리 〈미니멀리즘: 비우는 사람의 이야기〉에서 본 미국의 카터 전 대통령이 재임 시기에 한 TV 연설은 놀라웠다. 그는 미국이 직면한 가장 큰 문제를 경제가 아닌 미국인들의 방종과 소비라고 지적한다. 인간의 정체성이 무엇을 소유하고 있느냐로 정해지고 있는 작금의 실상을 개탄하며 물건을 마구 사대는 행위로는 결코 삶의 의미를 찾을 수 없으며, 믿음이나 목적 없는 삶의 공허함을 채울 수 없다고 '경고'한다. 정치인이 그것도 대통령이 대국민 TV담화에서 이런 발언을 하다니 정말 멋지다. 그의 말대로 소비에 관한 지적인 의식이 필요하다. 우리는 '지적인 삶'을 살아야 한다. 지적인 의식은 우리 삶의 모든 결에 관여한다. 삶의 방향을 어떻게 잡아야 할지, 어떤 태도로 하루하루 일상을 살아 나갈지를 결정한다. 나와 타자와 세계를 향해 본능적으로 대응할 것이 아니라, 그것을 뛰어넘어 지적인 관계 맺기를 시도해야 한다. 인간의 뇌는 파충류·동물·인간의 영역으로 나누어 보기도 한다. 지적인 의식을 가지고 사는 것이야말로 인간으로 사는 것이다.

삶과 죽음은 동시에 이루어진다

발리에서 남동쪽으로 20킬로미터 떨어져 있는, 스피드보트를 타고 약 30분 쯤 더 들어가면 나오는 누사페니다섬에서 있었던 일이다. 새벽 5시 반, 알람을 맞춘 듯이 마을 수탉들이 10분 간격으로 이곳저곳에서 일제히 울어 댔다. 그날은 새벽까지 마을에서 벌어진 힌두교도들의 종교 행사와 노래 소리로 잠을 설쳤다. 후에 그 노래 소리가 장송곡이라는 사실을 알게 되었다. 전혀 슬픔이 느껴지는 곡조나 리듬이 아니어서 장송곡이라고 생각지도 못했다. 이생의 업에 따라 내세에서 다시 새로운 육체로 태어난다는 힌두교의 윤회설을 믿기 때문일까? 이들의 슬픔과 상실감은 한국인의 죽음을 향한 일반적인 정서와는 많이 달랐다.

인도인 지인이 말해 준 인도인이 삶과 죽음에 보여 주는 태도는 흥미로웠다. 그들은 급한 것이 없다. 이번 생에서 하지 못한 일은 다음 생에서 하면 된다. 장년기에 들어서고 어느 정도 시간이 되면 살아왔던 삶의 형태를 정리하고 정신적인 삶으로 방향을 전환한다. 그리고 충분히 시간을 갖고 천천히 죽음을 준비한다. 주변에서도 그것을 자연스럽게 받아들인다. 어느 원시 부족에게는 장례식은 그 마을의 축제다. 현란한 의상과 춤과 음악이 함께한다. 생소했으나 참 유쾌한 방식의 죽음이었다. 내 죽음도 저런 유쾌함을 동반한 것이면 좋겠다고 생각했다.

죽음은 새로운 그 무엇이 아니다. 우리 몸을 이루고 있는 세포들이 현재도 치열하게 삶과 죽음의 과정을 동시에 진행하고 있다. 생명 과정은 일직선상에서 벌어지는 일이 아니다. 지금도 내 몸속에서는 삶과 죽음이 동시에 활발히 일어나고 있다. 작고한 한 에세이 작가의 카카오톡 배경 사진에 본인의 책 제목이기도 했던 문구가 있었다. "삶은 천천히 태어난다." 삶과 죽음이 한 문장으로 표현된 것 같은 인상적인 문구였다.

내 인생의 큰 변화는 아버지의 죽음을 목격하며 삶의 유한함을 마침내 깨닫게 된 그 지점부터 시작되었다. 그 사건 이후 늘 주어질 것 같던 하루하루가 당연한 것이 아니라는 자각이 생겼고, 내 삶을 진지하게 바라 볼 시간이 필요했다. 그리고 앞으로 어떻게 살 것인지 다각도로 깊게 생각하게 되었다. 아마 코로나19 때문에 전 세계의 많은 사람들이 이런 비슷한 경험을 하고 있을 것이다. 이러니 남의 삶을 들여다보고 관람할 시간이 없다. 인생의 주인이 누구인지 깨닫고 자신의 인생을 바로 세워야 한다. 내가 직접 경험하고 체득한 것만이 내 것이다.

슬로라이프, 슬로뷰티

케이블 작업과 도로공사 때문에 동네 인근 일대의 땅이 여기저기 파헤쳐지고 있어서 땅 밑을 볼 기회가 있었다. 이런 공사가 있을 때면 자주 걸어 다니는 골목길 한쪽 땅이 적나라하게 입을 벌리고 있는 모습을 볼 수 있다. 땅 아래에는 크고 굵은 수도관과 파이프가 복잡하게 얽혀 있었는데, 살아 있는 동물이나 인간의 내장 같기도 하고 서로 뒤엉켜 있는 뱀 같기도 했다. 그 관들은 땅 밑에서 한 치의 틈도 없이 빽빽이 똬리를 틀고 있었다. 아마도 한옥들이 쭉 늘어서 있는 좁은 골목길이어서 그 이미지가 더 과장되어 느껴졌을 수도 있지만 잠시 놀라서 발걸음을 멈출 수밖에 없었다. 그 굵은 관들이 땅속에서 마치 살아서 꿈틀꿈틀 움직이는 것 같았기 때문이다. 이 도시의 지하, 우리의 발 바로 밑에는 혈관처럼 굵은 관들이 켜켜이 놓여 있고 우리가 쓰는 식수와 폐수, 배설물이 쉼 없이 그 안에서 흐르고 있다. 도시의 혈관. 우리는 그 위에서 바쁘게 살고 있다. 도시는 그야말로 거대한 하나의 유기체다.

미래지향적인 가치란 무엇인가? 눈부신 경제성장과 기술 발전 그리고 빠른 속도만이 우리가 나아가야만 하는 미래인가? 그것만이 미래지향적인 가치인가? 다른 선택은 없나? 누가 지구 아닌 다른 대안이 필요하다고 했으며, 지구를 떠나 화성에서 살고 싶다고 했나? 누가 AI가 필요하다고 했나? 누가 100세 이상 살고 싶다고 했나? 누가 뇌에 컴퓨터 칩을 연결하고 싶다고 했나? 누가 내 뇌와 인공지능을 연결시켜 뇌를 증강시키고 싶다고 했나? 그 노력을 병들어 가는 지구 환경과 기후 위기를 해결할 수 있는 방법들을 모색하는 것에 쏟기를!

이탈리아 친구인 L은 한국인은 특이하게 마음을 말할 때면 꼭 심장을 치거나 가리킨다고 했다. 나는 심장으로 생각하고 심장이 마음인 삶을 택하고 싶다. '슬로'한 삶을 택할 것이다. 슬로라이프, 슬로푸드, 슬로뷰티 그리고 슬로에이징을 삶 속에서 구현할 것이다. 산에서 닭을 키우며 시속 4킬로미터의 삶을 산다고 했던 어느 시인의 속도로 살고 싶다.

쓰다 보니 여러 번 갈 길을 잃기도 했다. 틀린 정보가 있을 수도 있고 극히 주관적인 관점으로 정리한 부분도 있다. 읽는 분들이 널리 양해해 주기를 바란다. 나를 포함해 이 책을 읽는 모두가 삶은 유한하니 지금보다 더 깨어 있는 삶, 더 똑똑한 선택을 하는 삶, 더 자연에 가깝게 그래서 더욱 아름다운 삶을 살 수 있기를 바란다. 자신과 자신의 삶을 즐기기를 바란다. 개인적으로 좋아하는, 괴짜이며 늘 꿈을 꾸고 사는 1946년생 데이비드 린치 감독은 요즘 유튜브로 매일 자신의 집업실에서 본인이 살고 있는 미국 로스앤젤레스의 날씨를 알려 준다. 그리고 짧은 영상이 끝날 때 "Have a great day!"라는 인사를 한다. 나도 그처럼 이 책을 끝맺고 싶다. "멋진 하루를 사세요!"

부록 1

슬로뷰티-비건화장을 위한
셀프 케어 레시피

마지막으로 내가 직접 만들어 쓰는 몇 가지 화장품과 생필품을 소개하고 싶다. 텃밭, 내 집 마당, 옥상, 베란다 등에서 수확한 허브나 꽃 또는 쉽게 구할 수 있는 열매를 주 재료로 직접 주방에서 만들어 냉장고에 넣고 사용하는 화장품, 일명 '키친 테이블 코스메틱 kitchen table cosmetics'이다. 집에서도 식물이 지닌 피부 건강에 도움이 되는 생리활성물질들을 몇 가지 방법으로 추출하여 피부 관리를 할 수 있다. 허브나 꽃차를 우리듯 재료를 뜨거운 물에서 우리기도 하고 은근한 불에 오랜 시간 중탕을 하거나 식물성 에탄올, 식물성 오일, 식물성 글리세린에 넣어 우려낼 수도 있다. 또는 식초, 레몬주스, 싱싱한 채소와 과일 같은 재료를 직접 사용할 수도 있고, 증류기를 사용해 허브 증류수를 만들 수도 있다. 여기서는 처음 시작하는 사람들의 눈높이에 맞추어 특별한 도구 없이 주방에서 사용하는 도구들로 만들 수 있는 간단한 셀프 케어 레시피를 소개한다. 직접 만들면서 느끼는 기쁨도 있고 잘 만든 화장품을 구매해 사용할 때 느끼는 기쁨도 있다. 자신에게 가능한 즐거움을 찾으면 된다.

장미꽃 담금오일

장미가 지닌 시각적이면서 후각적인 아름다움에 관해서는 더 이상 말이 필요 없다. 나에게 여성을 위한 꽃 하나를 꼽아보라고 한다면 단연코 장미라고 말하고 싶다. 여성의 생애 주기 전반에 걸쳐 도움을 줄 수 있는 이 꽃이 지니고 있는 유효한 생화학성분은 아직 다 밝혀지지 않았다. 특히 로즈오토 에센셜오일은 에센셜오일 중 최고의 고가로 접근이 용이하지 않다. 그러니 5월에서 6월 장미꽃이 피는 시기에 나만의 장미오일을 만들어 보면 어떨까. 장미꽃잎과 식물성 오일 그리고 햇빛만 있으면 된다.

햇빛만으로 우려내는 장미오일은 오일 자체로 페이스오일이나 바디오일로 사용할 수 있다. 100퍼센트 식물성 오일 중 해바라기씨오일이나 호호바오일, 스위트아몬드오일 또는 집에서 요리에 사용하는 엑스트라버진 올리브오일을 사용해도 좋다. 입구가 큰 유리병에 작은 장미는 꽃 그대로, 꽃이 크면 꽃잎을 하나씩 뜯어 병의 3분의 2 정도 넣고 식물성 오일을 가득 따라 준다. 10일 정도 햇빛이 잘 들어오는 곳에 놓아 두고 하루에 한 번씩 병을 앞뒤로 좌우로 흔들어 준다. 이후 장미꽃잎을 걸러 내고 새 장미꽃잎으로 갈아 넣어 준다. 10일 후 거름망을 사용해 오일만 받아서 유리병에 넣고 서늘한 곳에 보관해 필요할 때마다 사용한다. 혹시 비타민E오일 캡슐(또는 화장품용 천연비타민E)이 있다면 캡슐의 오일을 짜서 오일 무게의 1~1.5퍼센트를 넣어 주면 산화 방지 효과와 피부 잔주름 개선 효과를 기대할 수 있다. 장미뿐만 아니라 다양한 꽃과 허브, 과일, 알로에 베라 그리고 한방 약재들을 사용하여 효능별 식물 담금오일을 만들어 사용해도 좋다. 식초, 식물성 에탄올, 식물성 글리세린에도 다양한 식물 재료를 넣어 이와 비슷한 방식으로 담금액을 만들고, 증류기를 이용해 허브 증류수를 우려내기도 한다.

수세미와 알로에 베라를 이용한 페이스워터와 미스트

동네 이웃이 집 마당에서 키우는 크고 건강한 수세미를 주어서 페이스워터(또는 스킨토너)를 만들었다. 수세미는 오래 전부터 민간에서 기관지와 호흡기 질환에 사용되어 왔고, 피부 보습과 알레르기성 피부 개선에 좋다. 그물망에 수세미액을 걸러 불순물을 걸어 내고, 스킨토너 바르듯이 바르면 된다. 나는 여기에 스튜디오에서 키우는 알로에 베라의 겔을 퍼서 수세미 액에 추가했다. 집에서 키우기 쉬운 식물이며 공기정화 식물이기도 한 알로에 베라는 위와 장, 피부보습과 쿨링에 좋다. 알로에 베라 겔은 그 자체가 아주 훌륭한 천연보습제다. 잘 자란 잎을 잘라서 날카로운 부분들을 잘 정리한 후 겔 부분을 그대로 얼굴에 쓱쓱 문질러 주어도 좋다. 알로에 베라는 나의 여름·겨울철 피부를 위한 보습용 식물이다. 한번 써 보면 그 즉각적인 효과에 놀랄 것이다.

허브 페이스 스팀 샤워

집에서 키운 각종 허브 또는 서랍 속에 있는 허브 티백이나 꽃차 티백을 이용해 페이스 스팀을 할 수 있다. 캐모마일, 라벤더, 장미, 다양한 민트류, 로즈메리, 세이지, 타임, 페퍼민트 등의 허브를 손으로 뜯거나 잘게 썰어서 세숫대야나 세면대에 뜨거운 물을 받고 그 안에 넣는다. 허브가 없다면 허브나 꽃 티백을 넣으면 된다. 목욕타월을 머리부터 뒤집어쓰고 세면대까지 덮어 증기가 밖으로 빠져 나가지 않게 한다. 허브의 향이 주는 즐거움이 클 뿐만 아니라 얼굴에 수분을 공급하고, 얼굴의 모공을 열어 노폐물을 쉽게 빠져나오게 할 수 있으며, 깊은 숨을 쉬는 데도 도움이 된다. 감기 몸살 기운이 있을 때나 따뜻한 온기가 필요할 때에도 좋다. 물이 차가워질 때까지 한다. 더 필요하다고 생각되면 뜨거운 물을 추가한다. 끝난 후 차가운 스킨토너를 바르고 토닥거리면서 마무리를 해 준다. 테라피등급의 에센셜오일이 있을 경우, 두세 방울 함께 떨어트려 사용해도 좋다. 이 경우에는 세면대 재질이 유리, 세라믹, 스테인리스여야 한다. 에센셜오일 때문에 부식될 수 있는 플라스틱 재질의 세숫대야는 사용하지 않는다. 에센셜오일이 눈의 점막에 자극을 줄 수 있기 때문에 반드시 눈을 감고 입과 코로 5분 이내로 향을 들이마신다. 몸의 상태와 목적에 따라 에센셜오일을 고를 수 있으며, 특히 유칼립투스오일은 구강 건강과 전반적인 호흡기 계통에 좋으며, 스트레스 완화에 도움을 준다.

아보카도 라벤더 바디버터

라벤더는 '허브의 어머니'로 불린다. 라벤더 에센셜오일은 별도로 희석하지 않고 직접 피부에 바를 수 있으며, 활용도가 높아 세계에서 가장 많은 사랑을 받는 에센셜오일 중 하나다. 아보카도오일은 특히 악건성 피부와 겨울의 찬바람 때문에 건조해진 피부에 탁월한 효과가 있다. 여동생이 유방암 수술 후 항암치료를 받고 있을 때, 그리고 수술 후 피부 재생을 위한 바디케어용으로로 만들어 주었던 바디버터이기도 하다. 30그램

용량을 만들려면 27그램의 아보카도오일 단독으로 만들어도 좋고, 코코넛오일, 스윗아몬드오일, 호호바오일, 포도씨오일, 윗점오일wheat germ oil밀의 배아에서 추출한 오일, 시어버터 같은 식물성 오일을 몇 가지 함께 섞으면 더 좋다. 그리고 2그램의 비정제 비즈왁스 또는 칸데릴라왁스를 넣고, 비타민E오일 캡슐이나 화장품용 천연토코페롤이 있다면 1그램을 유리 비커나 냄비에 넣어 가장 약한 불에서 왁스가 다 녹을 때까지 가열한다. 왁스가 녹으면 바로 불 위에서 내려 어느 정도 식으면 라벤더 에센셜오일을 여섯 방울에서 최대 열여덟 방울 넣고 잘 섞어 준다. 플라스틱 재질은 쓰지 않는다. 집에 있는 다 사용한 유리 용기를 열소독한 후, 거기에 담아서 하루가 지난 후에 사용한다. 냉장보관하고 필요할 경우 손과 몸에 사용한다. 에센셜오일이 없다면 넣지 않아도 되는데, 그런 경우 얼굴에도 사용할 수 있다. 라벤더 에센셜오일을 넣어 얼굴에도 사용하고 싶다면 세 방울 정도만 넣는다.

바나나 페이스팩

먹을 수 있는 재료로 만들 수 있는 페이스팩은 많다. 바나나, 아보카도, 토마토, 오이 중 하나를(또는 함께) 으깨고, 꿀이나 내추럴 요거트 2큰스푼(필요에 따라 양은 늘린다)을 넣어 잘 섞고 얼굴에 넓게 펴 바른다. 15분 정도 지난 후 미온수로 부드럽게 씻어 낸다.

코코넛오일과 흑설탕 스크럽

스크럽과 보습이 함께 되는 좋은 방법이다. 코코넛오일 한 스푼에 흑설탕을 적절히 섞어 각질 제거가 필요한 부분에 바르고 손가락으로 부드럽게 원을 그리며 문질러 준다. 다 끝나면 얼굴을 잘 씻어서 헹구어 낸다.

초유비누

화장은 씻는 것부터 시작한다. 나는 비누 하나로 머리부터 발끝까지 사용하고 있기 때문에 비누는 나에게 가장 중요한 화장품이다. 매번 다양한 방법과 재료로 만드는데, 수제 비누를 만드는 방법은 MP Melting & Pour(녹여 붓기), CP Cold Process(저온 숙성), HP Hot Process(고온 숙성) 등 다양하다. 수제 비누는 디자인과 색깔도 다양하게 조합할 수 있어 만드는 재미가 있다.

평상시에 사용하는 비누는 약산성으로, 색조화장을 했을 경우는 pH8~9 정도의 약알칼리성 비누를 사용한다. 앞집 어르신이 큰딸이 아이를 낳아서 처음 받은 젖(초유)을 쓰라고 선뜻 내 주셨다. 단백질과 다양한 영양분이 들어 있는 초유는 부드럽고 자극이 없는 비누의 좋은 재료가 될 수 있다. 초유로 집에서 쉽게 비누를 만들 수 있는 초보자용 방법은 비누베이스를 구입해 녹여 만드는 MP비누다. 몇 가지 종류의 비누베이스가 있으니 그중 하나를 구입해서 만들면 된다. 500그램의 비누베이스를 스테인리스 비커나 냄비에 녹인다. 60도를 넘지 않게, 팔팔 끓이지 않도록 주의한다. 녹인 비누베이스에 초유 3그램과 비타민E 2그램 그리고 증류수에 캐모마일 티백을 넣고 끓여 우린 카모마일워터 4그램을 넣고 잘 섞는다. 냉동고에 얼린 초유라면 따로 녹인 후에 사용한다. 집에 있는 용기 중 비누액을 굳힐 수 있는 몰드에 붓고 굳으면 사용하면 된다.

로즈메리 헤어린스

샴푸를 한 후 pH 균형을 맞추고 모발의 각질을 정리하기 위해 식초를 원료로 헤어린스를 만들 수 있다. 막 딴 또는 잘 말린 로즈메리와 애플사이다식초 또는 집에서 쓰는 식물성 식초가

필요하다. 로즈메리는 항균·살균 작용, 탈모 완화, 두피의 피지 세정에 뛰어난 효과가 있어 헤어·두피케어에 자주 사용되는 허브다. 로즈메리를 유리병에 3분의 2 정도 담고 식초를 채워 준다. 하루 한 번씩 흔들어 주고 3주 후 로즈메리를 망에 건져 낸 후 사용한다. 샴푸 후 물 300밀리리터 정도(물 컵 큰 사이즈 정도)에 10밀리리터(소주잔 3분의 1 정도)의 로즈메리 식초를 희석해 모발에 사용하고 물로 헹구면 된다. 그렇게 만든 로즈메리 식초는 샐러드 드레싱으로 사용해도 좋다.

아유르베다 코코넛밀크 헤어 뉴트리션

강황turmeric은 아유르베다에서 자주 사용하는 약리적 효과가 뛰어난 향신료다. 특히 탈모와 얇아지는 헤어, 두피 가려움증 해소를 위해 많이 사용한다. 코코넛밀크 또는 코코넛오일 4분의 1컵과 강황가루 1티스푼 그리고 추가로 로즈메리 에센셜오일이 있다면 일곱 방울을 넣어 잘 섞는다. 그리고 두피와 헤어에 골고루 발라 준 후 15분 정도 그대로 두었다가 샴푸하고 미온수로 잘 씻어 낸다.

코코넛오일 자일리톨치약

집에서 만드는 구강 케어, 특히 치약에 쓸 수 있는 식물 재료는 다양하다. 조심해야 할 것은 강한 산성의 재료들은 사용하지 말아야 한다. 구강 안에 존재하는 미생물들에게 해를 끼치거나 미생물 환경을 교란시킬 수 있기 때문이다. 코코넛오일, 자일리톨, 베이킹소다가 주 재료다. 이 세 가지 재료에 시나몬이나 생강 등 구강 건강에 도움이 되는 파우더류를 곁들인다. 재료는 코코넛오일 6큰스푼, 베이킹소다 3분의2티스푼, 자일리톨 3큰스푼, 시나몬파우더 3분의2티스푼, 정제수 6큰스푼을 준비한다. 먼저 코코넛오일을 넣고 약불에 녹인다. 모든 파우더류를 믹서기나 핸드블렌더로 갈아서 가루 입자를 균일하게 만들고 녹인 코코넛오일을 넣고 잘 섞어 준다. 마지막으로 정제수를 넣고 믹서기나 핸드블렌더를 사용해 잘 섞이게 한다. 만든 치약을 유리 용기에 담고 냉장고에 넣어 한 달 이내로 사용한다. 이 치약을 생분해되는 친환경 소재 칫솔에 얹은 후 부드럽게 마사지하듯 이를 닦아 준다. 단, 이 치약은 거품이 없고 제형이 낯설게 느껴질 수 있다.

올리브오일 바나나 발 관리

갈라지고 거친 발 보습을 위해 바나나 하나를 잘 으깬 후 올리브오일이나 코코넛오일 같은 식물성 오일 2큰스푼을 넣고 잘 섞어 준다. 만들어 놓은 것을 발바닥, 특히 뒤꿈치 부분에 펴 바르고 10~15분 정도 그대로 둔다. 잘 걷어 내고 미온수로 잘 씻어 준다.

민트 칵테일 공기청정 스프레이

나는 앞마당과 옥상에서 키우는 허브들을 장마가 오기 직전에 짧게 이발하듯이 가위로 잘라 잎과 꽃을 수확해 놓는다. 민트류는 수천 년 전부터 약으로 사용되어 왔다. 반복된 교배로 현재는 3000종 이상의 민트류가 있으며, 아주 다양한 용도로 활용된다. 신선하고 상쾌한 향은 기분을 어루만져 주며, 민트류에 있는 멘톨 성분은 도파민 분비 촉진에 도움이 되는 것으로 알려져 있어 마음에 안정을 주는 효과를 기대할 수 있다. 장미꽃 담금오일과 비슷한 방법으로 잘 말려 놓은 페퍼민트·스피아민트·애플민트 등의 민트류 또는 갓 딴 신선한 민트류를 잘 씻어 물기를 말린 후 식물성 에탄올을 담은 유리병에 넣어 3주 정도 우린다. 그 기간 중 하루에 한 번씩 흔들어 준다. 레몬이나 라임을 짜서 넣거나 시중에서 판매하는 레몬·라임 농축액을 물이나 식물성 에탄올에 섞어서 분무기로 공기 중에 분무해도 좋다.

무환자나무 열매 세제

무환자나무 열매인 소프넛soap nut은 인도 등지에서 수백 년 동안 세탁세제나 세정제로 사용되어 왔다. 무환자나무 열매의 껍질에는 천연계면활성제인 사포닌이 함유되어 있다. 아유르베다에서는 트러블이 잘 생기는 피부를 관리할 때 이 무환자나무 열매를 사용하고 있으며, 우리나라에서도 오래 전 비누 대용으로 사용했었다고 한다. 무환자나무를 심으면 우환과 환자가 사라진다고 해서 이름이 무환자나무가 되었다고 한다. 무환자나무 열매 세제는 100퍼센트 식물성으로 생분해된다. 알레르기나 아토피로 고생하는 사람, 피부가 연약한 유아들을 위해 세탁용으로 사용하면 좋다. 나는 설거지할 때, 과일·채소를 씻을 때 사용하고 있고 헤어샴푸로도 사용한다. 모든 클리닝에 사용할 수 있는 만능 열매다. 냄비에 네 컵 정도의 물을 붓고 한 줌의 무환자나무 열매를 넣어 센 불로 끓인 후 약 30여 분 정도 약불로 은근히 끓여 준다. 이후 식혀서 냉장고에 넣고 1주일 이내에 사용하도록 한다. 이렇게 만들어 놓은 것은 물비누처럼 사용할 수 있다. 끓이는 일이 번거롭다고 생각될 경우 그냥 열매를 망이나 작은 천 주머니에 담아 물에 넣고 비벼서 거품을 내어 사용해도 된다. 거품이 나오는 한 여러 번 다시 사용할 수 있다. 요즘은 이 무환자나무 열매를 파는 친환경용품 가게들이 많이 생겼다.

모기 쫓는 봄 쑥 태우기

쑥은 개인적으로 좋아하는 허브라 1년에 몇 킬로그램씩 잘 말린 쑥을 다양한 용도로 사용한다. 겨울에는 주전자에 쑥을 가득 넣고 끓여 그 증기를 이용해 건조한 실내의 습도를 높이고, 이른 여름부터는 봄에 채취한 갓 말린 쑥을 마당과 옥상에서 수시로 태워 파리나 모기를 쫓는 목적으로 쓴다. 침실에도 말린 라벤더와 쑥을 각각 망에 넣어 번갈아 가며 여기 저기 달아 놓아 숙면에 도움이 되게 한다. 쑥의 그윽한 향은 마음도 평화롭게 한다.

참고문헌

국내 문헌

〈화협 옹주의 마지막 단장〉, EBS 특집 다큐멘터리, 2020.7.

B.Berly·Simpson·C.Molly·Ogorzaly, 《자원식물학》, 교보문고, 2011.

C.Valerie·Scanlon, 《필수해부생리학》, 영문출판사, 2008.

G.Peyrefitte, 《피부학》, 청담미디어, 2011.

S.Sylvia·Mader·Michael Windelspecht, 《인체생명과학》, 라이프사이언스, 2020.

강영희, 《생명과학 대사전》, 도서출판 여초, 2008.

국가건강정보포털 의학정보 health.cdc.go.kr

김기범·차영란, "여성의 화장을 통한 미(美)와 자기개념의 사회문화적 의미 분석" 〈한국심리학회지 : 여성〉, Vol.11, No.1, 107~123, 2006.

김남일, 《한방화장품의 문화사》, 들녘, 2013.

김상진·권소영 외, 《향수, 과학 혹은 예술》, 훈민사, 2009.

김영곤, 《인간은 어떻게 늙어갈까 - 노화생물학》, 아카데미서적, 2000.

김학태, "R. M. Hare의 채식주의", 〈철학사상문화〉 16: 108~124, 2013.

김혜성, 《의과학으로 풀어보는 건강수명 100세》, 파라사이언스, 2020.

김희성, 〈비건화장품에 대한

인식 및 사용실태에 관한 연구〉, 건국대학교대학원 석사 논문, 2019.8.

노먼 도이지, 《스스로 치유하는 뇌》, 동아시아, 2018.

맹주만, "톰 레간과 윤리적 채식주의", 〈근대철학〉 4(1): 43~65, 2009.

모기 겐이치로·온조 아야코, 《화장하는 뇌》, 김영사, 2010.

박경미, 《박경미의 수학콘서트》, 동아시아, 2006.

박성옥, "허브와 건강", 〈한국원예학회 기타간행물〉, 129~146, 2003.

박정규, "미세플라스틱의 건강 피해 저감 연구", 〈KEI 사업보고서〉, 2019.

백남선, 《암 알아야 이긴다》, 홍신문화사, 2000.

생화학분자생물학회, 《생화학백과》, 생화학분자생물학회, 2019.

서울아산병원 암센터 외 29인 HIDOC, "암 알아야 이긴다", 네이버 지식백과

세화편집부, 《화학대사전》, 세화, 2001.

손유정, 〈이집트 시대 피부미용 문화에 대한 연구〉, 신라대학교 산업융합대학원 미용향장학과, 2019.

송한영, 《인도전통의학 아유르베다》, 한언, 2015.

슬로푸드 www.slowfood.com

시오다 세이지, 《향기치료 아로마테라피와 첨단의료》, 청홍, 2015.

안덕균, "피부미용의 한의학적 이론", 〈대한화장품학회지〉 Vol.29(1) 79~87, 2003.

안선례, 《한방미용학》, 메디시언, 2016.

에른스트 슈마허, 《작은 것이 아름답다》, 문예출판사, 2002.

우미옥·박혜진, "규합총서에 소개된 한방화장품 재료의 생리활성에 대한 효능고찰", 〈한국메이크업디자인학회지〉 제9권 제2호, 2013.

윤병수, "집중명상과

마음챙김명상이 뇌의 주의체계에 미치는 영향", 〈한국심리학회지: 건강〉 Vol.17, No.1, 65~77, 2012.

이계숙, "아유르베다의 피부미용 접근방법에 관한 고찰", 〈한국패션뷰티학회지〉, 2004.

이성훈·손의동·최은정·박원석·김형준, "밀착연접 조절을 통한 스트레스 호르몬 코티졸의 피부장벽 손상 연구", 〈대한화장품학회지〉, vol.46, no.1, 통권 119호, 2020.

이지영·조윤아·정다위·정용우·이미영·최효현, 〈화장품 용기 재활용 가능성 평가 및 관리방안 연구〉, 한국폐기물자원순환학회, 2014.

이태신, 《체육학 대사전》, 민중서관, 2000.

조가영, 〈피부 미용의 한의학 지식 자원 연구 - 《동의보감》의 화장품 기능과 용법 중심으로〉, 경희대학교 대학원 기초한의과학과, 2018.

조태동, 《허브》, 대원사, 2012.

최미화·여은아, "브랜드 전략개발을 위한 비건Vegan 패션 뷰티 상품 분석", 〈과학논집〉 39: 103~120, 2013.

탁상숙, 《파이토케미컬을 먹어라》, 다봄, 2015.

편집부, 《간호학 대사전》, 한국사전연구사, 1996.

한국뇌과학연구원 편집부, "명상의 과학", 〈브레인〉, 한국뇌과학연구원, 76, 8~11, 2019.

한국미생물학회연합 www.fkms.kr

한국민속대백과사전 folkency.nfm.go.kr, 국립민속박물관

한국비건인증원 www.vegan-korea.com

허버트 벤슨, 《이완반응 : 명상은 어떻게 과학적인가》, 페이퍼로드, 2020.

허정림, 《재미있는 환경이야기》, 가나출판사, 2013.

홍성욱·장대익, 《뇌 속의 인간 인간 속의 뇌》, 바다출판사, 2020.

국외 문헌

"'Cosmetic therapy' said to stem dementia's effect on seniors", 〈The Japan Times〉, 2016.7.17.

"Ageing: Healthy ageing and functional ability", 〈WHO〉, 2020.

"Dermal absorption of pesticides - evaluation of variability and prevention", Danish Environmental Protection Agency, 2009.5.

"Eating meat has 'dire' consequences for the planet, says report". 〈National Geographic〉, 2019.

"How can beauty companies make the most of veganism's rising popularity?", 〈Mintel Reports〉(인터넷 Mintel 보고서), 2018,8.20.

"Microplastic", CosmeticsInfo.org

"The World in 2019 The year of the vegan", 〈Economist〉, 2019.

"Your ultimate guide to the difference between vegan, natural, organic, clean and fair trade beauty", 〈Glamour〉(인터넷 기사), 2018.6.11.

〈Questionnaire on Environmental Problems and the Survival of Humankind〉, 아사히글라스재단, 2019.

Catty·Suzanne, 《Hydrosols: The Next Aromatherapy》, Inner Traditions International, 2001.

Clay·James Hubert·Pounds·M. David 외, 《Basic Clinical Massage Therapy》, Lippincott Williams&Wilkins, 2007.

Dr. David Frawley, 《Ayurveda Nature's Medicine》, Lotus Press, 2001.

James L. Oschman., "The effects of grounding (earthing) on inflammation, the immune response, wound healing, and prevention and treatment of chronic inflammatory and autoimmune diseases", 《Journal of Inflammation Research》, 8: 83~96., 2015.

Len Price, 《Carrier Oils for Aromatherapy and Massage》, Riverhead Publishing, 2008.

Machio Kushi, 《The Book of Macrobiotics》, Square One Publishers, 2013.

Munro, L., "Strategies, action repertoires and DIY activism in the animal rights movement", 《Social Movement Studies》 4(1): 75~94. 1989.

Patricia Davis, 《Aromatherapy An A-Z》, Ebury Publishing, 2011.

PETA www.peta.org

R.Holmgaard·JB Nielsen(The Danish Environmental Protection Agency), "Dermal absorption of pesticides – evaluation of variability and prevention", 《Pesticides Research》 No. 124, 2009.

Rob Knight·Brendan Buhler, 《Follow your gut: The Enormous Impact of Tiny Microes》, Simon&Schuster, 2015.

Salvatore Battaglia, 《The Complete Guide to Aromatherapy》, The International Centre of Holistic Aromatherapy, 2003

Strong, C., "Features contributing to the growth of ethical consumerism-a preliminary investigation", 《Marketing Intelligence & Planning》 14(5): 5~13, 1996.

Thomson C. J.·Hirschman·E. C., "Understanding the socialized body: A poststructuralist analysis of consumers' self-conceptions, body images, and self-care practices", 《Journal of Consumer Research》, 22(2),139~153, 1995.

Vegan Action. www.vegan.org

Vegan Society. www.vegansociety.com

부록 2

초록이 가득한 나의 '집업실',

비비엘하우스BBL House를
소개합니다

1 화창한 어느 봄날, 비비엘하우스의 앞마당. 나리 꽃봉오리들이 통통해져 가고 있다. 햇빛도 좋고 공기도 좋은 이런 날에는 앞마당에서 일을 한다.
2 챙 넓은 모자와 앞치마는 좋아하는 작업복이다. 작은 1인용 텃밭과 가든이라도 갖출 건 갖추고 일한다.
3 비건화장 워크숍과 DIY클래스를 하는 스튜디오 내부. 스피커에서 개울물 흘러가는 소리와 새 지저귀는 소리가 나오게 해놓곤 한다.

1 옥상에서 여러 종류의 허브를 키운다. 사진은 라벤더 두 종, 타임, 로즈메리, 스피아민트, 페퍼민트, 그리고 케일과 방울토마토!

2 처음 수확한 너무나 조그맣고 사랑스러운 나의 감자.

3 텃밭에서 수확한 채소. 양은 적지만 맛이 살아 있고 달다.

1 허브를 말리는 모습.
2 말린 허브 중 일부는 티백에 하나씩 담아 화장품 재료로 쓸 허브워터를 만든다.
3 각종 말린 봄꽃으로 백화주를 담기도 한다. 꽃술 익는 소리와 향은 정말 좋다.
4 봄에는 벚나무 주변에 떨어져 있는 벚꽃들을 담아와 석고방향제를 만든다.

1 산책을 하던 중 우연히 버려진 건물 폐기물 사이로 거침없이 자라고 있는 아름다운 덩굴장미를 만났다. 아름답고 생명력이 넘쳐났으며 심지어 우아했다. 그 향기에 취해 한참을 서 있어야 했다.
2 2주째 접어드는 장미 꽃봉오리 담금 오일의 고운 빛깔.

1 나를 위한 100퍼센트 내추럴 향수, 스킨토너, 로션, 방향제 만들기. 테라피급의 에센셜오일로만 만든다.
2 곡류로 만든 비누를 차곡차곡 비누 건조대에 올려 놓고 6주 동안 숙성시킨다.

슬로뷰티, 삶을 바꾸는 비건화장

글 김희성

1판 1쇄 펴낸날 2021년 4월 20일

펴낸이 전은정
펴낸곳 목수책방
출판신고 제25100-2013-000021호
대표전화 070 8151 4255
팩시밀리 0303 3440 7277
스마트스토어 smartstore.naver.com/moksubooks

이메일 moonlittree@naver.com
블로그 post.naver.com/moonlittree
페이스북 moksubooks
인스타그램 moksubooks

디자인 studio fttg
인쇄 삼신문화

Copyright ⓒ 2021 김희성
이 책은 저자 김희성과 목수책방의 독점 계약에 의해 출간되었으므로
이 책에 실린 내용의 무단 전재와 무단 복제, 광전자 매체 수록을 금합니다.

ISBN 979-11-88806-19-5 (03590)
가격 17,000원